全民健康生活方式科普丛书

牛初乳肽营养与健康

杨严俊 主　编

常翠华　徐　博　唐中付 副主编

中国保健协会科普教育分会 组织编写

U0206628

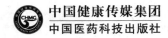

中国健康传媒集团

中国医药科技出版社

内 容 提 要

本书是一本介绍牛初乳及其多肽对人体营养健康的科普图书。初乳是大自然馈赠给人类的天然健康食物，初乳中含有大量对人体有益的营养健康成分，营养学领域专家在对牛初乳中大分子营养物质研究的基础上，着眼于对牛初乳中含量极其丰富的蛋白质与其他活性多肽类物质进行深入研究。本书从不同角度阐述了牛初乳中活性多肽类物质的营养价值、对人体各系统的功能价值及作为功能营养品的应用前景，为您揭开牛初乳中含量丰富的肽类物质与人体健康的奥秘。本书适合关注营养健康的普通大众、传播牛初乳及肽类健康知识的工作者及牛初乳肽类产品研发者参考阅读。

图书在版编目（CIP）数据

牛初乳肽营养与健康 / 杨严俊主编 .—北京：中国医药科技出版社，2023.8

（全民健康生活方式科普丛书）

ISBN 978-7-5214-3811-6

Ⅰ . ①牛… Ⅱ . ①杨… Ⅲ . ①乳牛—初乳—营养学—普及读物 Ⅳ . ① TS252-49

中国国家版本馆 CIP 数据核字 (2023) 第 060984 号

美术编辑 陈君杞

版式设计 也 在

出版 **中国健康传媒集团** | 中国医药科技出版社

地址 北京市海淀区文慧园北路甲 22 号

邮编 100082

电话 发行：010-62227427 邮购：010-62236938

网址 www.cmstp.com

规格 710×1000mm $\frac{1}{16}$

印张 11

字数 140 千字

版次 2023 年 8 月第 1 版

印次 2024 年 3 月第 2 次印刷

印刷 三河市万龙印装有限公司

经销 全国各地新华书店

书号 ISBN 978-7-5214-3811-6

定价 45.00 元

获取新书信息、投稿、为图书纠错，请扫码联系我们。

前言

21世纪将是肽的世纪。

过去的科学研究认为，人体吸收蛋白质是以氨基酸的形式吸收的。近年来的科学研究认为，人体吸收蛋白质主要是以肽的形式吸收。这是人体吸收机制的重大发现和蛋白质吸收理论的重大突破。

所有的生物，从简单的病毒到复杂的人类，其体内复杂的蛋白质结构都是由相同的20种氨基酸组成的，从而构成了千姿百态的蛋白质世界。生物学在对蛋白质的深入研究过程中，发现一类由氨基酸构成但又不同于蛋白质的中间物质，这类具有蛋白质特性的物质被称为多肽。

多肽是涉及生物体内各种细胞功能的生物活性物质。自生物化学家用人工方法合成多肽的40多年来，伴随分子生物学、生物化学技术的飞速发展，多肽的研究取得了惊人的、划时代的进展。人们发现存在于生物体的多肽已有数万种，并且所有的细胞都能合成多肽。同时，几乎所有的细胞都受多肽调节，涉及激素、神经、细胞生长和生殖等领域，生命活动中的细胞分化、激素和神经递质调节、肿瘤病变、免疫调节等均与活性多肽密切相关。随着现代生物技术的进步和生命科学的发展，多肽在生物体内的生理功能受到越来越多的重视，尤其是许多活性肽生理功能和结构的发现，更是推动了科学界对活性肽的研究。

蛋白质与多肽药物和多肽营养健康品的开发研究是目前生物工程和营养健康领域中较活跃、进展较快的部分，将是21世纪比较有前途的产业之一。我国生物技术药物的研究和开发起步较晚，目前存在研制开发力量薄弱、高技术含量的基因工程药物多为仿制等现象。在国家确定的发展高新技术计划中，生物技术产品一直作为优先开发的领域之一。同时，多肽类药物在实现产品的产业化过程中，受到诸多因素的制约，其中药物动力学的研究面临着更高的要求。其主要原因是多肽类药物的结构特殊、用药量很小、生物体内有大量相似物质的干扰，这些都使多肽类药物的分析方法不同于传统药物，大大增加了检测难度。由于多肽类药物需要巨大的投入和较长的开发周期，所以目前还没有任何具有我国独立知识产权的多肽类药物产品，多肽试剂的生产也处于较小的规模。

多肽类化合物广泛存在于自然界中，其中利用具有一定生物学活性的多肽提高人体免疫、增强抗病能力、维护肌体健康方面的研究一直是开发新型营养健康品的主要方向之一。随着现代科技的飞速发展，从天然产物中获得肽类物质的手段也不断得到提高。一些新方法、新思路的应用，让越来越多的新肽类物质被发现并应用于营养健康和防病治病中。目前，我国多肽功能营养品和多肽食品的应用越来越广泛，已经有不少企业涉足多肽行业，推出的产品也不下几十种，生产已初具规模。从总体来看，我国多肽产业尚处于初级阶段，应该说国内的多肽产品市场正在逐步形成，广阔的市场前景已现端倪。生物活性多肽以其独特的健康理念、全新的科技内涵、良好的工艺性能，将开创一个健康食品新天地。

肽类产品的开发大多属于低值蛋白资源的生物转化及精制技术范畴，自2013年起，江南大学完成的国家高技术研究发展计划（863计划）课题"肽类产品高效制备技术集成研究与开发"，针对目前活性肽加工制备与高效分离过程中存在的关键难题，指出通过对活性肽制备、分离纯化、活性评估等领域关键共性技术的自主创新和强化集成，开发活性肽的高效分离纯化新技术、生物活性肽连续化制备新技术、加工功能性多肽绿色制备新技术、活性肽的高效基因表达与纯化新技术、活性肽生物活性集成与体系化评价技术等，建立了一个活性肽分离制备和评价的技术平台，为从低值蛋白等资源中大规模工业化生产活性肽提供了有力的技术支撑。

牛初乳含有3000多种天然营养成分，被誉为天然营养的宝库，因其蛋白质含量较高，被视为潜在生物活性肽的良好来源。近年来已知的乳源生物活性肽主要由酪蛋白（包括 α_{s1}-酪蛋白、α_{s2}-酪蛋白、β-酪蛋白和 κ-酪蛋白）和乳清蛋白（主要包括 α-乳白蛋白和 β-乳球蛋白）水解产生。目前，人们研究较多的乳源性生物活性肽主要有阿片肽、抗菌肽、抗高血压肽、抗血栓肽、免疫调节肽、酪蛋白磷酸肽、富脯氨酸多肽等。2021 年 10 月，我国首个从牛初乳中水解出的蛋白多肽由江南大学食品学院研制成功并投产，多项核心关键技术达到国际领先水平。

　　本书介绍了有关牛初乳及其肽类物质的营养组分及价值，着重介绍了我国在牛初乳多肽领域研究所取得的部分成果，便于广大读者了解并科学选择相关产品。需要注意的是，有关疾病及医疗方面的专业问题应咨询相关专业人士，本书所含内容无意于诊断、治疗任何疾病。

编　者

2023 年 2 月

第四章　牛初乳多肽的营养与功能

第五章　牛初乳多肽产品的开发现状与前景

第一章
人体免疫与营养需求

第一节　人体健康与免疫

一、人体健康

人是由 60 万亿至 100 万亿个细胞组成的，细胞是人体最基本的单位。人类健康的本质和源头就是"细胞应该健康"。科学研究发现，人们患病的原因可以归为是细胞出了问题，细胞有问题，则组织、器官、系统就有问题，人就会得病。

有人说，西医是解决人体器官问题的，中医是解决人体系统问题的，营养保健是解决人体细胞问题的。不管是一般的感冒，还是像抑郁症一样的精神疾病，或是有生命危险的癌症，所有的病症都是身体细胞出了故障所引起的。

引起细胞障碍通常有两种原因：一是营养不良（细胞得不到所需的东西），即修复、复制细胞时需要的原料不对或不足，任何一种人体营养的缺乏都会造成身体不适，乃至疾病的发生；二是毒素侵袭（细胞被其不需要的东西毒害了），即细菌、病毒是通过产生毒素而伤害人体的。

我们为什么要吃东西？答案是为了提供细胞营养。我们都知道，人体由系统构成，系统由器官组成，器官由组织构成，组织则由细胞构成，细胞是构成人体的最小生命单位。换句话说，为了给细胞提供营养，我们每天需要吃东西。

《探索·发现》节目中讲过，人的一生以 78 岁为例的话，总共要吃掉 60 吨食物，这些食物就是为了给细胞提供充足营养的。

如果把人体比作一间房子的话，那细胞就是砖块，只有结实的砖块才能构建一幢稳固的大楼。如果细胞受到损伤，得不到充分的营养，那就好比是空心的砖块、缺角的砖块、偷工减料的砖块，这样的砖块垒起的房子就会存在很多隐患。然而，现在有很大一部分人是处于不健康状态的，他们就像是住在空心砖块垒成的房子里的人，也就是说他们的细胞都得不到均衡的营养。

大家都知道，人体必需的七大营养素是蛋白质、维生素、矿物质、碳水化合物、脂肪、膳食纤维、水。人体细胞只有全面、足量而均衡地摄取这些营养才会健康。

人体和细胞的关系是整体和局部的关系。是什么偷走了细胞的营养呢？不合理的饮食习惯，如暴饮暴食，吃快餐、夜宵、垃圾食品；运输和烹饪过程中的营养损失，如洗、切、煮、炒、煎、炸；食物本身营养的下降，如精加工食品、环境污染等。

那又是什么毒死了细胞呢？一是外部毒素，如阳光、空气、水、食物、化学、辐射污染；二是内部毒素，如新陈代谢废物、情绪紧张、压力大等。当毒素积累超过了肝脏的解毒能力时，它们就会破坏细胞。毒素进入血液可引起毒血症，而毒血症与过敏、哮喘、皮肤病、癌症、风湿病、痛风、心律失常、头痛、精神问题等很多疾病关系密切。

另外，细胞障碍通常可分为3个阶段，即细胞功能障碍（亚健康）、组织局部受损（溃疡、炎症）、器官功能衰退（糖尿病、尿毒症、高血压、心脏病等疾病）。

亚健康其实是你的细胞生病了，细胞在给你警告。细胞功能决定人体健康，通过激发细胞潜能，即激发与生俱来就潜藏于人体内的"细胞自我修复与再生"能力（细胞活化），可以促进人体器官自我修复与重生，从而有助于延缓衰老。

细胞活化的解决方案通常有两种：一种是补充细胞所需要的营养素，提高细胞能量，加速细胞修复和再生；另一种是有效排出毒素，减轻身体负担。其重要的意义在于对"进"和"出"的影响。真正的健康是实现"进"和"出"的完美平衡。"进"就是促进营养吸收，"出"就是加速毒素的排出。

那什么是细胞营养呢？简单地说，就是让每个细胞都能获得全面均衡的营养，从而促进细胞修复、活化、再生，使其达到最佳功能状态。

细胞营养产品与细胞营养输送系统的关系可以总结为"符合人体需求的营养素＋调理消化系统＋促进血液循环＋提高细胞活力＝细胞营养产品"。其中第一步是食物（营养补充品，富含全面均衡的营养素）；第二步是消化系统（消化、分解、吸收营养素）；第三步是循环系统（运输营养）；第四步是全身各组织器官的细胞（利用营养）。

每个人都应健康，每个人都能健康！幸福的人生从健康开始，完整的健康从丰富均衡的营养开始！让我们一起健康快乐的生活吧。

二、人体免疫

免疫是机体免疫系统识别自身与异己物质，并通过免疫应答排斥反抗原性异物，以维持机体生理平衡的功能。免疫的概念经过了一个变迁的过程，即从古典免疫到现代免疫的变更。在英国医生爱德华·詹纳（1749-1823）和法国生物学家路易斯·巴斯德（1822-1895）时代，免疫的概念是指机体对微生物的抵抗力和对同种微生物再感染特异性的防御能力。然而随着对免疫的发展和研究的深入，人们发现很多现象如过敏反应、移植排斥反应、自身免疫反应等，均与病原微生物的感染无关。因此，人们对免疫的一些观念发生了改变：免疫应答不一定由病原体引起，免疫功能不局限于抗感染方面，它只是免疫功能的一部分；免疫应答并不一定对机体有利，有些会对机体造成损害。现代免疫的概念是指机体对自身和非自身的识别，并清除非自身的大分子物质，从而保持机体内、外环境平衡的一种生理功能。执行这种功能的是机体的免疫系统，它是在长期进化过程中形成的与自身内、外"敌人"斗争的防御系统，能对非经口途径进入机体内的非自身大分子物质产生特异性免疫应答，使机体获得特异性免疫力，同时又能对内部的肿瘤产生免疫反应而加以清除，从而维持自身稳定。

免疫系统将入侵的病原微生物、机体内突变的细胞以及衰老、死亡细胞认为是"非己"的物质。免疫应答是指免疫系统识别和清除"非己"物质的整个过程，可分为固有免疫和适应性免疫两大类。固有免疫又称先天性免疫或非特异性免疫，适应性免疫又称获得性免疫或特异性免疫。

人体的免疫系统有三道防线。第一道防线是皮肤和黏膜及其分泌物。它们不仅能够阻挡大多数病原体入侵人体，而且其分泌物有杀菌作用。呼吸道黏膜上有纤毛，具有清扫异物（包括病毒、细菌）的作用。第二道防线是体液中的杀菌物质（如溶菌酶）和吞噬细胞。这两道防线是人类在进化过程中逐渐建立起来的天然防御功能，特点是人人生来就有，不针对某一种特定的病原体，对多种病原体都有防御作用，因此称为非特异性免疫。

第三道防线主要由免疫器官（扁桃体、淋巴结、胸腺、骨髓、脾等）和免疫细胞（淋巴细胞、单核细胞、巨噬细胞、粒细胞、肥大细胞）借助血液循环和淋巴循环而组成。第三道防线是人体在出生后逐渐建立起来的后天防御功能，特点是出生后才产生，只针对某一特定的病原体或异物起作用，因而称为特异性免疫。

（一）免疫系统的组成

免疫系统是机体执行免疫应答和免疫功能的组织系统。其由免疫器官和组织、免疫细胞（淋巴细胞、抗原呈递细胞、粒细胞、肥大细胞、血小板等）及免疫分子（补体、免疫球蛋白、各种细胞因子等）组成（见表 1-1、图 1-1）。免疫系统的各部分在免疫细胞和免疫相关分子的协作及制约作用下，共同完成机体的免疫功能。

表 1-1　免疫系统的组成

免疫器官		免疫细胞	免疫分子	
中枢	外周		膜型分子	分泌型分子
胸腺	脾脏	T 淋巴细胞	细胞抗原受体	免疫球蛋白
	淋巴结	B 淋巴细胞	细胞抗原受体	补体
骨髓	黏膜相关淋巴组织	吞噬细胞（单核细胞、巨噬细胞、中性粒细胞）	白细胞分化抗原	细胞因子
	皮肤相关淋巴组织	树突状细胞	黏附分子	

续表

免疫器官		免疫细胞	免疫分子	
中枢	外周		膜型分子	分泌型分子
	皮肤相关淋巴组织	自然杀伤细胞	主要组织相容性复合体	细胞因子
		自然杀伤细胞	细胞因子受体	
		其他（嗜酸性粒细胞和嗜碱性粒细胞等）		

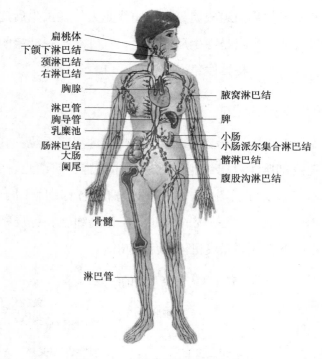

扁桃体
下颌下淋巴结
颈淋巴结
右淋巴结
胸腺
淋巴管
胸导管
乳糜池
肠淋巴结
大肠
阑尾
骨髓
淋巴管

腋窝淋巴结
脾
小肠
小肠派尔集合淋巴结
髂淋巴结
腹股沟淋巴结

图 1-1　人体的免疫器官和组织

（二）重要的免疫分子——免疫球蛋白

免疫球蛋白（Ig）是体液免疫应答中发挥免疫功能最主要的免疫分子，其所具有的功能是由分子中不同功能区的特点决定的。免疫球蛋白的主要功能有特异性结合抗原、活化补体和结合 Fc 受体。常见的 5 类免疫球蛋白为 IgG、IgM、IgA、IgD、IgE。

IgG 是血清中免疫球蛋白的主要成分，占血清中免疫球蛋白总量的75% ～ 80%。分子质量约为 150 kDa。人类血清中的 IgG 主要为单体，正常人的 IgG 包括 4 个亚类，分别为 IgG1、IgG2、IgG3 和 IgG4。IgG 是机体抗感染的主要抗体，在抗感染过程中发挥重要作用，也是机体发生再次免疫应答的主要抗体。IgG 与外毒素结合能中和其毒性；亚类 IgG1、IgG2、IgG3 与抗原形成免疫复合物，可通过经典途径激活补体，发挥溶菌和溶细胞的作用。IgG 的含量个体差异很大，同一个体在不同条件下，波动也很大。机体在抗原刺激下产生的大多数抗菌、抗病毒、抗毒素抗体均属于 IgG。许多自身抗体如抗甲状腺球蛋白抗体，也属于 IgG。此外，IgG 还与Ⅱ型、Ⅲ型超敏反应相关。

IgM 在 Ig 中分子质量最大，又称巨球蛋白，占血清 Ig 总量的5% ～ 10%。IgM 是在个体发育过程中最早产生的抗体，也是免疫应答过程中经抗原刺激的动物体内最早出现的抗体，并且半衰期短，因此检查 IgM 的含量有助于感染的早期诊断。IgM 具较多结合价，属高效能抗体，因此其杀菌、溶菌、溶血和促吞噬以及凝集作用比 IgG 强。IgM 是血管内抗感染的主要抗体，对防止菌血症和败血症发挥重要作用。IgM 属于人体天然血型抗体（抗 A 型与抗 B 型血），是造成血型不符的输血反应的重要因素。此外，IgM 也参与某些自身免疫病及Ⅱ型、Ⅲ型超敏反应的病理损伤过程。

IgA 分为血清型和分泌型两种类型。前者存在于血清中，以 IgA 表示；后者存在于分泌液中，以 sIgA 表示。IgA 在血清中的含量仅次于 IgG，占血清 Ig 总量的 10% ～ 20%。血清型 IgA 为单体结构，有 IgA1 和 IgA2 两个亚类，具有中和毒素和调理吞噬等多种生物学效应。血清型 IgA 对可溶性抗原的清除也具有一定的作用。sIgA 多为二聚体，主要由黏膜相关淋巴组织中的浆细胞分泌合成，广泛分布于呼吸道、消化道、泌尿生殖道黏膜表面以及唾液、泪液、初乳等外分泌液中，具有抗菌、抗病毒和中和毒素等多种生物学作用，是机体黏膜防御感染的重要因素。一般初乳中 sIgA 的含量很高，子代可以通过初乳获得母体的 sIgA，获得天然被动免疫，尤其对抵抗呼吸道及消化道感染具有重要作用。

IgD 在血清内含量很低，仅占血清 Ig 总量的 0.2% 左右。IgD 较 IgG1、IgG2、IgA、IgM 更易被蛋白水解酶水解，而且易自溶，故半衰期短，仅 3 天左右。IgD 的生物功能尚不十分明确。目前已知的 IgD 抗体活性包括抗细胞核抗体、抗胰岛素抗体、抗链球菌溶血素 O 抗体、抗青霉素抗体和牛奶过敏性抗体等。另外，IgD 也表达于成熟 B 细胞膜表面（mIgD），是 B 细胞的重要表面标志。

IgE 又称反应素或亲细胞抗体。正常血清中 IgE 含量极低，仅占血清 Ig 总量的 0.002%。但在过敏体质个体的血清中含量显著增高。IgE 主要由呼吸道（如鼻、咽、扁桃体、支气管）和胃肠道等处黏膜固有层中的浆细胞合成。这些部位是变应原入侵及超敏反应的易发部位。在鼻腔、支气管分泌液、乳汁与尿液中存在分泌型 IgE。IgE 是一种亲细胞抗体，能与血液中的嗜碱性粒细胞或组织中的肥大细胞以及血管内皮细胞结合，遇到花粉等各种过敏原后，则抗原与 IgE 在这些细胞表面结合，使之释放大量活性介质，如组胺等，结果诱发 I 型超敏反应。

第二节　七大营养素及其来源

大家都知道，人类在生命活动过程中需要不断从外界环境中摄入食物，从中获得生命活动所需的营养，可以说人体健康是一个系统工程。

人体七大营养素是维护人体正常生长、发育和新陈代谢的重要物质。七大营养素分别为蛋白质、脂肪、碳水化合物、维生素、矿物质、膳食纤维、水。俗话说："万物生长靠太阳，人类生长靠营养。"了解七大营养素的来源和如何通过膳食有效利用七大营养素，是维系人体健康的重要保证。

一、蛋白质

蛋白质（被称为人体合成的工程师）由 22 种氨基酸组成，是生命的基础物质，占人体重量的 16%。蛋白质是组成人体血液、肌肉、皮肤、头发、指甲等身体器官的重要成分，人体各组织、器官无一不含蛋白质。其可促进机体发育、修补人体细胞，并广泛分布于人体的组织中。

蛋白质的主要来源分为植物性蛋白质和动物性蛋白质两大类，如鱼、肉、鸡蛋、牛奶、大豆、大米、小麦、白菜、红薯等，特别是大豆，其蛋白质含量高达 36% ～ 40%，并且在体内的利用率较高，是非常好的优质蛋白质来源。

当机体出现疾病时，体内蛋白质被大量消耗，机体对蛋白质的有效利用率会随之减少，机体会出现不同程度的蛋白质缺乏。另外，手术、放疗、化疗也会对身体正常组织造成不同程度的损伤，这些损伤组织的恢复需要大量蛋白质来补充。

二、脂肪

脂肪（被称为人体的燃料）是人体细胞的重要成分，可供给人体所需的能量。脂肪分布于人体各大脏器之内、关节和神经组织的隔离层，从而保护身体组织，同时对机体组织有保温作用。脂肪还有促进脂溶性维生素吸收（如维生素 A、D、E、K 的吸收和利用）、保护人体皮肤健康等多种作用。

有研究发现，身体疾病的产生与脂肪摄入量，尤其是动物脂肪（主要是饱和脂肪酸）的摄入量相关，因此要重视对脂肪摄入量的控制，尤其是动物脂肪（鱼油除外）。脂肪摄入量应占总能量的 10%～20%，其中饱和脂肪酸、单不饱和脂肪酸与多不饱和脂肪酸的比例为1 : 1 : 1。

小贴士

牛蒡豆豉炒苦瓜

主料：牛蒡 75 克，苦瓜 250 克，姜片 10 克，蒜泥 10 克，葱段 40 克，清水 1.5 碗。

调料：豆豉 20 克，糖 30 克，盐少许，蚝油、酱油各 1 小匙，料酒 1 大匙。

制法：将牛蒡洗净、去皮、切成斜薄片，苦瓜洗净、切成斜片。锅中放入 1 大匙色拉油烧热，7～8 分热时爆香姜片、蒜泥及葱段，放入牛蒡及清水，以慢火煮约 8 分钟，再加入苦瓜及调味料略炒，盖上锅盖焖约 5 分钟即可。

功效：帮助清除多余脂肪、调节血糖水平，改善肥胖和便秘。

饮食宜忌：牛蒡刺激性较强，接触性皮炎或湿疹患者应避免食用。

三、碳水化合物

碳水化合物（被称为人体的驱动利器）也称为糖类，是为人体提供能量的主要物质，1 g 碳水化合物在人体内氧化后可释放 4 千卡能量，具有供给肌肉和脑部活动所需的能量、增强耐力和复原能力、帮助其他食物消化等作用。作为人体主要供能物质的碳水化合物，供能量应占总能量的 60% ～ 65%。供给足够的糖类可以改善患者的营养状况，减少蛋白质的消耗，从而节约蛋白质能量。碳水化合物主要来源于粮谷类食物，其一般含碳水化合物 60% ～ 80%，如薯类（碳水化合物含量为 15% ～ 29%）、豆类（碳水化合物含量为 40% ～ 60%）、蔗糖、甜食、糕点、甜味水果、蜂蜜等。

四、维生素

维生素（被称为营养催化剂）是细胞新陈代谢、身体发育和成长、维持人体健康必不可少的物质。它能促进蛋白质、脂肪、碳水化合物和矿物质的吸收和利用，帮助形成血液、细胞、激素、神经系统的生化反应，以维持人体各系统的正常功能。

首先看看脂溶性维生素，它包括维生素 A、维生素 D、维生素 E、维生素 K，储存于人体脂肪组织内，以保证人体各器官功能的健康。维生素 A 能促进人眼部组织健康，保护视力；维生素 D 可帮助人体吸收钙质，维护骨骼健康；维生素 E 是强力抗氧化剂，可保护细胞膜、血管、心脏、皮肤等组织，减少自由基的伤害，具有延缓衰老、抗癌等作用。脂溶性维生素大量存在于芝麻、花生、葵花子、豆类、金枪鱼、沙丁鱼、三文鱼、甘薯等食物中。

再来看看水溶性维生素，它包括维生素 B 族和维生素 C。这些维生素溶于水而不溶于脂（油），体内不能大量储存，因此人体每天必须摄入足够的水溶性维生素，才能补充人体所需量。

维生素 C 主要存在于山楂、猕猴桃、橘子、青椒、西红柿等水果、蔬菜中。维生素 B 族包括维生素 B_1、维生素 B_2、泛酸、烟酸、维生素 B_6、维生素 B_{12}、叶酸、生物素等。其共同特点是能帮助蛋白质分解旧的物质，合成新的物质。其中，维生素 B_1 可维持神经系统的需要，协助细胞生成、参与新陈代谢，帮助指甲、头发等生长；维生素 B_2 缺乏可造成特殊的上皮损伤、脂溢性皮炎、神经紊乱等。

小贴士

现代科学研究发现，西兰花中维生素 C 的含量是白菜的 2～3 倍、西红柿的 5～6 倍，其类胡萝卜素、叶酸的含量也高于其他蔬菜。西兰花中还含有一种名叫萝卜硫素的物质，它有很强的抗癌作用，对乳腺癌、直肠癌和胃癌有预防作用。西兰花以凉拌、清炒为主，不宜过度加热，以免破坏西兰花中的维生素 C 和其他抗癌物质。同时，西兰花不宜长时间贮藏，最好在购买后两天内食用，从而有利于保存多种营养成分。

五、矿物质

矿物质（被称为身心调控员）包括常量元素和微量元素。常量元素指人体含量大于体重的 0.01% 的矿物质，如钙、磷、镁、钠、钾等；微量元素指人体含量小于体重的 0.01% 的矿物质，如铁、铜、锰、铬、硒等。

矿物质是构成人体各组织的重要材料，如钙、磷、镁是骨骼、牙齿的重要成分；钠、钾是细胞内、外液的重要成分。人体的新陈代谢均有一定量的矿物质参与，多种疾病的发生也都与机体某些矿物质缺乏密切相关。

（1）缺钙：钙离子参与上皮细胞增殖和分化的全过程，机体钙水平是直肠癌患病的重要因素之一。奶和奶制品是钙的主要来源，因为奶中含钙量丰富，吸收率也高。豆类、坚果类以及海带、木耳、苋菜等绿色蔬菜也是钙的较好来源。

（2）缺镁：镁缺乏可影响淋巴细胞的杀伤能力，使机体免疫功能降低，甚至导致染色体畸变，诱发恶性肿瘤。绿叶蔬菜富含镁，大麦、芥麦、大豆、坚果也含有丰富的镁。

（3）缺硒：硒可改善机体免疫功能，还能通过调整细胞分裂、分化，使癌细胞行为向正常方向转化。另外，硒还具有促进正常细胞增殖和再生的功能。动物内脏和海产品、瘦肉、谷物、奶制品、水果和蔬菜都含有一定量的硒。

（4）缺碘：碘缺乏是乳腺癌、子宫内膜癌和卵巢癌的病因之一，缺碘可导致乳腺组织上皮细胞发育不良，增加乳腺组织对致癌物质的敏感性。海洋生物含碘量较高，如海带、紫菜、鲜海鱼、干贝等。另外，在选择食盐时，建议选择强化碘的食盐。

（5）锌和钼：锌和钼能阻断亚硝胺类致癌物在体内合成，具有间接抗癌作用。锌元素的主要食物来源是贝壳类海产品、红色肉类、干果类、谷类胚芽和干酪、虾、燕麦、花生等。人体矿物质应保持正常水平，如果出现大量缺乏，饮食调整是不能满足需要的，可直接补充相应的制剂，以保证摄入足够的矿物质。

六、膳食纤维

膳食纤维（被称为人体清道夫）存在于蔬菜中，能维持人体肠道清洁，促进肠道蠕动排泄毒素，保证大便量，帮助消化、消除体内废物，减低胆固醇吸收率，产生饱腹感觉，还有助于控制体重。膳食纤维是植物性食物与人类消化酶的化合物。每种植物性食物通常以 1 种或 2 种纤维为主，增加膳食纤维的摄取，可降低结肠癌和乳腺癌的发病风险，也可降低口腔癌、咽喉癌、食管癌、胃癌、前列腺癌、子宫内膜癌及卵巢癌的发病风险。

膳食纤维中，纤维素、木质素和某些半纤维素通常不溶于水，不能被发酵；而果胶和其他半纤维素通常溶于水，易被发酵。不发酵的纤维素可以通过吸收水分增加粪便体积，改善肠蠕动功能，稀释潜在的致癌物，缩短食物残渣排出体外的时间；可发酵的纤维素能刺激肠道微生物生长，生成短期脂肪酸，降低肠 pH 值，抑制结肠癌、直肠癌发生。

七、水

水（被称为人体的运输网）占人体重的 60%～70%。水能保证人体血液循环量，维持各器官正常新陈代谢，帮助输送营养、调节体温、排出废物。人体水缺乏可危害生命。水的需要量主要受年龄、体力活动、温度、膳食等因素影响，故通常变化较大。

建议多喝白开水或功能水（如富氢水、离子水），少喝饮料（特别是碳酸类的甜饮料）。《中国居民膳食指南》建议每天定量饮水，合理选择饮料。成人每日推荐饮水量约 6 杯（1200 ml），高温或强体力劳动者可适当增加，饮水应量少多次、主动饮用。

第三节 人体蛋白质营养吸收代谢

蛋白质是人体赖以生存的基础营养素（约占人体的 17%）。人体的细胞组织、内分泌素、酶等都由蛋白质组成。蛋白质是调节物质代谢、提高机体免疫力和调节各种生理功能不可缺少的物质。蛋白质在调节水盐代谢和维持人体酸碱平衡方面也具有非常重要的作用。另外，蛋白质还有运送营养素、促进营养素吸收和转运等作用。

蛋白质根据营养效能可分为以下 3 类。

（1）完全蛋白质：指含必需氨基酸的蛋白质，如动物蛋白、乳品、禽蛋、大豆等。其成分与人体蛋白质相似，能满足人体生长发育和健康需要，维持正常生理活动。一般动物性食物中多含这种蛋白质。

（2）半完全蛋白质：能维持成人健康，但缺少促进儿童生长发育的某种氨基酸，如小麦和谷类蛋白（缺少赖氨酸）。

（3）不完全蛋白质：指缺少必需氨基酸的蛋白质，如玉米胶蛋白、肉皮和蹄筋中的蛋白。

蛋白质的功能主要包括以下 3 方面。

（1）蛋白质的主要功能是维持人体组织的生长、更新和修复。若蛋白质不足，则儿童发育会受影响，成人体质会下降，易患疾病，并且病后不易恢复，甚至恶化，影响健康。

（2）蛋白质对调节人体生理功能、催化代谢具有十分重要的作用。

（3）蛋白质是热能的来源。机体的体液免疫主要由抗体与补体完成，构成白细胞和抗体补体需要有充足的蛋白质。

一名体重 60 kg 的成年人每天供给 40~60g 蛋白质即可保证机体所

需。儿童、妊娠 4 个月后的妇女、患者、伤员的蛋白质供给量应高于正常成人，婴儿应高于成人的 3 倍。

一、蛋白质的代谢

（一）蛋白质的分解

进食正常膳食的正常人每日从尿中排出的氮约 12 g。若摄入膳食中的蛋白质增多，随尿排出的氮也会增多；反之，则随尿排出的氮也会减少。完全不摄入蛋白质或禁食一切食物时，人体每日仍随尿排出氮 2～4 g。这说明，蛋白质不断在体内分解产生含氮废物，并随尿排出体外。

（二）蛋白质的合成

蛋白质在分解的同时也不断在体内合成，以补偿分解。蛋白质的合成经两个步骤完成。第一步为转录（transcription），即生物体合成 RNA 的过程，也是将 DNA 的碱基序列抄录成 RNA 碱基序列的过程。第二步为翻译（translation），即生物体合成 mRNA 后，mRNA 中的遗传信息（DNA 碱基顺序）转变成蛋白质中氨基酸排列顺序的过程，也是蛋白质获得遗传信息进行生物合成的过程。翻译在细胞内进行，成熟的 mRNA 穿过核膜进入胞质，在核糖体及 tRNA 等的参与下，以各种氨基酸为原料完成蛋白质的生物合成。

二、氨基酸的分解代谢

（一）氨基酸分解代谢

氨基酸分解代谢的最主要反应是脱氨基作用。脱氨基的方式有氧化脱氨基、转氨基、联合脱氨基和非氧化脱氨基等，其中以联合脱氨基最为重要。氨基酸脱氨基后生成的 α-酮酸进一步代谢，有的经氨基化生成非必需氨基酸，有的转变成碳水化合物及脂类，还有的氧化供给能量。

氨基酸脱氨基作用产生的氨，在正常情况下主要在肝脏合成尿素而解毒，只有少部分氨在肾脏以铵盐的形式由尿排出。

体内氨基酸的主要功用是合成蛋白质和多肽，也可以转变成某些生理活性物质，如嘌呤、嘧啶、肾上腺素等。正常人尿中排出的氨基酸极少。各种氨基酸在结构上具有共同特点，因而有共同的代谢途径，但不同的氨基酸由于结构的差异而各有其特殊的代谢方式。

氨基酸代谢除了一般代谢过程外，有些氨基酸还有特殊代谢途径。例如，氨基酸的脱羧基作用和一碳单位的代谢、含硫氨基酸、芳香氨基酸及支链氨基酸的代谢等。

1. 脱羧基作用

氨基酸分解代谢的主要途径是脱氨基作用，但部分氨基酸也可以进行脱羧基作用生成相应的胺。其生成的胺类含量虽然不高，但具有重要的生理意义。例如，谷氨酸脱羧基生成的 γ-氨基丁酸（γ-aminobutyric acid，GABA），在脑组织中含量较多，属于抑制性神经递质，对中枢神经有抑制作用；半胱氨酸脱羧基生成的牛磺酸，在脑组织中含量也颇高，对脑发育和脑功能有重要作用；组氨酸脱羧基生成的组胺，在体内分布广泛，在乳腺、肺、肝、肌肉及胃黏膜中含量较高，是一种强烈的血管舒张剂，能增加毛细血管的通透性；色氨酸脱羧基生成的5-羟色胺（5-HT），广泛分布于体内各组织，除神经组织外，还存在于胃肠道、血小板及乳腺细胞中，脑中的5-HT作为神经递质具有抑制作用，在外周组织中的5-HT有收缩血管的作用等。

2. 一碳单位的代谢

某些氨基酸在分解代谢过程中可以产生含有一碳原子的基团，称一碳单位。体内重要的一碳单位有甲基（-CH₃）、甲烯基（-CH₂）、甲炔基（-CH=）、甲酰基（-CHO）、亚甲氨基（-CH=NH）等。一碳单位不能游离存在，常与四氢叶酸（tetrahydrogen folic acid，FH₄）结合而转运和参加代谢。一碳单位主要来源于丝氨酸、甘氨酸、组氨酸及色氨酸的代谢，主要生理功能是作为合成嘌呤及嘧啶的原料，故在核酸的生物合成中占有重要地位。

3. 含硫氨基酸的代谢

体内的含硫氨基酸有蛋氨酸、半胱氨酸及胱氨酸。这 3 种氨基酸的代谢是相互联系的，蛋氨酸可以转变为半胱氨酸和胱氨酸，半胱氨酸和胱氨酸也可以相互转变，但半胱氨酸及胱氨酸不能转变为蛋氨酸，因此半胱氨酸及胱氨酸是非必需氨基酸或条件必需氨基酸，而蛋氨酸是必需氨基酸。

4. 芳香氨基酸的代谢

芳香氨基酸包括苯丙氨酸、酪氨酸和色氨酸。苯丙氨酸和酪氨酸在结构上相似，正常情况下，苯丙氨酸的主要代谢途径是经苯丙氨酸羟化酶的作用生成酪氨酸。当苯丙氨酸羟化酶先天性缺乏时，苯丙氨酸不能正常转变成酪氨酸，使体内的苯丙氨酸蓄积，并可经转氨基作用生成苯丙酮酸，后者进一步转变成苯乙酸等衍生物，导致尿中出现大量苯丙酮酸等代谢产物，称为苯丙酮尿症（phenylketonuria，PKU），是一种先天性代谢性疾病。苯丙酮酸的堆积对中枢神经系统有毒性，可导致患儿智力发育障碍。对这种患儿的治疗原则是早期发现，并适当控制膳食中苯丙氨酸的含量。

酪氨酸经酪氨酸羟化酶的作用生成多巴（3，4- 二羟基苯丙氨酸），再经多巴脱羧酶的作用生成多巴胺（dopamine）。多巴胺是脑中的一种神经递质，帕金森病患者的多巴胺生成会减少。多巴胺在肾上腺髓质中可再被羟化，生成去甲肾上腺素（norepinephrine），再经 N- 基转移酶催化，由活性甲硫氨酸提供甲基，转变成肾上腺素（epinephrine）。多巴胺、去甲肾上腺素、肾上腺素统称为儿茶酚胺（catecholamine，CA）。

酪氨酸的另一条代谢途径是经酪氨酸酶合成黑色素，当人体缺乏酪氨酸酶时，黑色素合成障碍，皮肤、毛发等发白，称为白化病（albinism）。酪氨酸还可经酪氨酸转移酶的作用生成对羟苯丙酮酸，再经尿黑酸等中间产物进一步变成延胡索酸和乙酰乙酸，二者分别参加碳水化合物和脂肪代谢。当体内尿黑酸酶先天性缺乏时，尿黑酸分解受阻，可出现尿黑酸尿症。色氨酸除经代谢转变成 5-HT 外，本身还可分解代谢生成犬尿酸、丙氨酸与乙酰辅酶 A。

此外，色氨酸分解还可以产生烟酸，这是体内合成维生素的特例。

5. 支链氨基酸的代谢

支链氨基酸（branched chain amino acid，BCAA）包括亮氨酸、异亮氨酸和缬氨酸，都是必需氨基酸。这 3 种氨基酸在开始阶段经转氨基作用生成各自相应的 α- 酸，然后再经过若干代谢步骤，缬氨酸分解生成琥珀酸辅酶 A，亮氨酸和异亮氨酸生成乙酰辅酶 A 及乙酰辅酶 A。因此，这 3 种氨基酸分别是生糖氨基酸、生酮氨基酸及生糖兼生酮氨基酸。

支链氨基酸的分解代谢主要在骨骼肌中进行，而其他氨基酸多在肝脏代谢，这对外科手术、创伤应激等状态下肌肉蛋白质的合成与分解具有特殊的重要作用。支链氨基酸可以作为合成肌肉蛋白质的原料，也可被肌肉用作能源物质氧化供能。另外，有研究还发现亮氨酸可以刺激蛋白质合成，并抑制分解，在临床营养中有重要意义。

（二）氨基酸代谢的调节

必需氨基酸的分解代谢主要受下列 4 种因素的影响。

（1）膳食中蛋白质的氨基酸模式与机体氨基酸需要相符的程度：这直接反映某种蛋白质在生长过程（如生长、哺乳）中的利用率，并且是造成膳食蛋白质生物价不同的主要因素。对这种因素变异的适应，要求机体单独调节个别必需氨基酸的分解代谢。

（2）个体总氮摄入量与总氮需要量的接近程度：此因素一般影响氨基酸的代谢，并反映对尿素合成的适应性。

（3）必需和非必需氨基酸之间的平衡：膳食必需氨基酸占蛋白质贮存所需氨基酸总量的 45%，占维持所需氨基酸总量的 30%，其他则由非必需氨基酸组成。虽然非必需氨基酸在膳食中可有可无，但机体对这些氨基酸仍有代谢需要，如果膳食不提供这些非必需氨基酸，则必须由内源合成来提供。如果食物中必需氨基酸与非必需氨基酸之间不平衡，则需要分解必需氨基酸提供氮来合成非必需氨基酸。

（4）能量摄入要与能量需要匹配：机体最终必须维持 ATP 的合成，氨基酸的分解也是机体能量供应的一部分。如禁食时的氮平衡（每天约为 150 mg/kg）和膳食中蛋白质为零时的氮平衡（每天约为 50 mg/kg）差别。此外，非蛋白质能量摄入量的变化对总的氨基酸分解代谢有迅速和显著的影响。同样，在营养上的变异也会影响氨基酸分解代谢。

（三）氨基酸代谢的器官

特异性氨基酸代谢的主要部位是小肠、肝、肌肉和肾。全身的谷氨酰胺和肠道（膳食）中的谷氨酸主要在小肠中代谢。肝脏对调节来自门静脉血的氨基酸并将其分配到身体其他部位的量和比例具有重要作用。肝脏是唯一能够分解所有氨基酸的器官，尽管肝分解支链氨基酸比分解其他必需氨基酸慢，但仍有部分支链氨基酸在肝脏分解代谢。

三、多肽的代谢

过去的观点认为，蛋白质进入机体后，在消化道一系列消化酶的作用下依次被分解为多肽、寡肽，最终分解为游离氨基酸。机体对蛋白质的吸收只能以游离氨基酸的形式进行。Cohnheim 在 1901 年发现了小肠黏膜具有肽酶活性；1953 年，Agor 首先发现肠道能完整地吸收转运双苷肽；1960 年，Smith 和 Neway 通过实验证实了甘氨酸二肽（Gly-Gly）可以被完整地转运吸收，从而为消化道可以吸收肽提供了有力证据。随后的一些实验也证实了消化道可以完整吸收小肽，但由于对肽吸收的生理和营养意义认识不充分，直至 1970 年前后，肽可以被完整吸收也未成为被普遍接受的观念。

1971 年，Adib 喂饲小鼠双苷肽后，用同位素示踪法在血浆中检测到了这些肽。1989 年，Webb 等的研究表明，蛋白质降解产物大部分是 2 或 3 个氨基酸残基组成的寡肽，它们能以完整形式被吸收进入循环系统。经过深入研究发现，在小肠存在一个寡肽吸收通道，Ara 等于 1984 年在小肠黏膜上发现了小肽载体；1994 年，Fi 等克隆了寡肽的 I 型载体；1996 年，Adibi 克隆了小肠的 II 型载体。随着寡肽的 I 型和 II 型载体分别被克隆成功，寡肽能被完整吸收的观点才逐渐为人们所接受。

科学研究发现，蛋白质在肽形式下极具活性，小分子的二肽和三肽具有比单一氨基酸更易吸收的特点。它们可不经消化被人体直接吸收，吸收率提高 2 ~ 2.5 倍。外源性肽在消化道内直接进入血液只需几至十几分钟就可完成，它的吸收利用程度几乎可达到 100%。这表明肽的生物效价和营养价值均比游离氨基酸高，而且肽在微量的状态下就能发挥较大作用。

（一）肽的消化吸收及转运

由于唾液中不含有可以水解蛋白质和多肽中肽键的酶，故多肽的吸收自胃中开始，但主要在小肠中进行。在胃中消化所需的酶为胃蛋白酶，它是由胃黏膜主细胞合成并分泌的胃蛋白酶原经胃酸激活而生成的。同时，胃蛋白酶也能够激活胃蛋白酶原，从而使之转化为胃蛋白酶。该酶对肽键作用的特异性较差，主要水解芳香族氨基酸、蛋氨酸及亮氨酸等残基组成的肽键。蛋白质经胃蛋白酶作用后，主要分解成多肽及少量的游离氨基酸。

食物在胃中停留较短时间后便进入小肠，因此在胃中的消化很不完全。进入小肠后，多肽在胰液及肠黏膜细胞分泌的多种蛋白酶及肽酶的共同作用下，进一步水解为寡肽或游离氨基酸。

小肠中蛋白质和多肽的消化主要依靠胰酶完成，它们基本上可分为两类，即可以水解肽链内部一些肽键的内肽酶（endopeptidase）和从肽链羧基末端逐个水解掉氨基酸残基的外肽酶（exopeptidase）。这些酶对不同氨基酸组成的肽键有一定的专一性。此外，小肠黏膜细胞的刷状缘及胞液中存在的一些寡肽酶（oligopeptidase），如氨基肽酶（aminopeptidase）等也可对多肽的不完全水解产物进行进一步的消化。因此，小肠是多肽消化的主要部位。

（二）肽吸收的阻碍

当肽和蛋白质经口腔进入胃肠道，在达到吸收细胞表面之前，消化道对肽的吸收有多重的阻碍作用。肠腔内表面的黏液层以及消化道酶系的降解作用是肽吸收的最大阻碍。

1. 理化阻碍

除了分子大小之外，肽吸收的一个重要条件是肽在接近肠腔内吸收位点时在水相中的溶解性。为了进入肠上皮细胞膜，肽分子必须断裂其与水相的氢键并与膜上的脂相反应，要求至少有一定的亲脂性。被动吸收最佳的亲脂性为辛醇/水分配系数在 10～1000 之间，超过该数值并不会增强吸收。体外试验发现，亲脂性与药物被吸收的量有直接的关系。然而，肽的被动运输并不严格随亲脂性的增加而增加，而是相反地与药物和肠腔水相形成的氢键的数目有关。如促甲状腺素释放激素，其肽键可逆或不可逆的 N-乙酰化修饰能够增加药物的吸收。

肽吸收的限速步骤主要发生在肠腔内壁的黏液层以及肠上皮细胞表面不能被搅动的水层。在到达细胞表面之前，肽必须穿过肠的黏液层。黏液层相当于厚度为 100～150 μm 的分子过滤器，排阻分子质量为 600000～800000，在此分子量范围之上的分子吸收相对较慢。黏液是细胞外的一种糖蛋白，包括不可移动的水相，更新周期为 12～24 h。对弱酸或弱碱来说，亲水性或极性受分子负电荷影响，后者则受药代动力学（PK）以及肠腔 pH 影响。除了肠腔 pH，吸收部位微环境的局部 pH 也是影响渗透的决定因素。小的阳离子能够透过肠上皮细胞之间的紧密连接障碍。

2. 代谢阻碍

蛋白质和肽经口进入消化道吸收的第一个障碍是胃的酸性分泌物。除了在胃部黏液的穿透非常困难外，胃液中的胃蛋白酶和盐酸将会在 pH 值为 2～5 之间引起蛋白质和肽的水解，特别是那些含天冬氨酸的蛋白质和肽。大的蛋白质和肽在胃部高度敏感，而寡肽在这个环境中却相对稳定。第二个必须克服的障碍包括小肠上部的肠道酶，即胰腺分泌蛋白酶至十二指肠，如胰蛋白酶、胰凝乳蛋白酶、弹性蛋白酶、羧肽酶 A 和 B 等。这些酶在 pH 值为 8 左右时活性最强，且有各自的专一性，通过协作使得每一种蛋白质都容易被酶解，能够在 10 min 内将十二指肠内 30% ～ 40% 的蛋白质降解成含 2 ～ 6 个氨基酸残基的寡肽。虽然大部分蛋白质完全地被降解成小的片段，但还有相当一部分寡肽在这些肠道酶中能够保持稳定。

在肠道中限制蛋白质和肽吸收最主要的阻碍可能是刷状缘膜上的肽酶和肠上皮细胞质中的酶。在肠道刷状缘膜上的外肽酶与内肽酶能够将胃蛋白酶和胰酶产生的寡肽和蛋白质片段酶解成氨基酸、二肽或三肽。在刷状缘膜，超过 90% 的四肽及其以上的肽、10% ～ 60% 的三肽、10% 的二肽会被水解。选择性降解三肽的肽酶位于刷状缘膜，二肽较容易通过这个膜，却容易被细胞质中的酶降解。肠上皮细胞内含有最丰富的水解寡肽的肽酶，这些酶主要作用于二肽，对三肽也有一定影响。有证据显示，含脯氨酸、羟脯氨酸的寡肽或氨基酸容易被吸收进入门静脉，并在血液中以完整的形式出现，这些肽对细胞内肽酶有一定的抵抗力。另外，某些氨基酸表现出具有调节刷状缘膜肽酶活性的作用。

（三）寡肽的吸收机制

寡肽的生物学意义主要体现在其被吸收的优越性和具有较高的生物活性。现已发现，寡肽（主要是二肽和三肽）和氨基酸存在两种相互独立的吸收转运机制。自由氨基酸通过刷状缘膜由特殊的氨基酸转运系统进入肠上皮细胞，游离氨基酸的吸收主要是一个耗能的主动吸收过程，而寡肽则是通过特殊的肽转运系统进行转运。肽转运系统位于小肠上皮细胞的刷状缘膜。

目前已证明存在两种肽的转运载体，并对其进行了克隆表达。相对于氨基酸载体的专一性，肽载体对肽的氨基酸结构要求较小。

1. 寡肽的吸收

寡肽的吸收机制与游离氨基酸完全不同，其吸收是逆浓度进行的，可能通过以下 3 种过程进入细胞。

（1）主动转运：是指细胞通过本身的耗能过程使肽分子逆浓度梯度进行跨膜运动，即由膜的低浓度一侧移向高浓度一侧的过程。如钙泵是肽分子进入细胞常用的主动转运工具之一，其需要的能量直接或间接来自三磷酸腺苷（ATP）的分解。这种转运方式在缺氧或添加代谢抑制剂的情况下可以被抑制。

（2）具有 pH 依赖性的非耗能性 Na^+/H^+ 交换转运系统：在转运过程中，刷状缘顶端细胞的互转通道的活动产生质子运动的驱动力，从而驱动两个质子和一个肽分子穿过刷状缘膜，H^+ 向细胞内的电化学质子梯度供能。寡肽以易化扩散方式进入细胞，引起细胞内 pH 下降。随着细胞内 pH 的降低，Na^+/H^+ 交换转运系统被激活，在将细胞外的 Na^+ 转运到细胞内的同时将细胞内的转运到细胞外，使细胞内的 pH 和跨膜电位恢复到基础水平。缺少梯度时，该反应依靠膜外的底物浓度而进行；当存在细胞外高内低的 H^+ 梯度时，则依靠逆底物浓度的生物电共转运。

（3）依靠谷胱甘肽转运系统：谷胱甘肽（glutathione，GSH）是由谷氨酸（Glu）、半胱氨酸（Cys）及甘氨酸（Gly）组成的三肽，其活性基团是其中半胱氨酸残基上的巯基。谷胱甘肽有两种形式，彼此可以相互转换。

研究发现，Na^+、K^+、Li^+、Ca^{2+} 和 Mn^{2+} 均能加快谷胱甘肽的转运速度，其中二价离子的作用大于一价离子，以 Ca^{2+} 的作用最大。在体内生理 pH 条件下，谷胱甘肽是带负电荷的。当 Na^+ 和 K^+ 存在时，膜囊内的负电势不影响谷胱甘肽的转运；而在无离子存在或在 Ca^{2+} 存在下，谷胱甘肽转运会受到膜囊内负电势的抑制。该结果提示，Na^+ 和 K^+ 可能同谷胱甘肽协同转运，从而中和了谷胱甘肽的负电荷，加快了谷胱甘肽的转运速度；而 Ca^{2+} 则可能通过改变谷胱甘肽载体脂蛋白的微环境，与谷胱甘肽共同转运，从而促进谷胱甘肽的转运。谷胱甘肽转运的最合适 pH 值为 7.5，pH 值高于或低于 7.5，转运过程都会受到一定程度的抑制，谷胱甘肽的转运过程不依赖内流的 H^+ 梯度。谷胱甘肽的转运可以被谷胱甘肽的硫衍生物和谷胱甘肽的酯类衍生物所抑制，而不被 Gly、Glu、Cys、双甘肽和三甘肽抑制，说明谷胱甘肽转运载体具有底物专一性。谷胱甘肽作为一种生物活性肽，其转运机制的专一性可能具有生物学意义，这一点还有待进一步研究。

寡肽与氨基酸相互独立的吸收机制，有助于减轻由于游离氨基酸相互竞争共同吸收位点而产生的吸收抑制，而且寡肽的迅速吸收及其随后产生的机体内分泌变化可能对机体不同组织的蛋白质代谢产生影响。

2. 寡肽吸收机制的特点

（1）不需消化，直接吸收。它表面有一层保护膜，不会受人体的促酶、胃蛋白酶、胰酶、淀粉酶、消化酶及酸碱物质二次水解，而以完整的形式直接进入小肠，被小肠吸收进入人体循环系统，从而发挥功能。

（2）吸收特别快。其吸收进入循环系统的时间如同静脉针剂注射一样，并快速发挥作用。

（3）具有 100% 吸收的特点。吸收时，没有任何废物及排泄物，能被人体全部利用。

（4）主动吸收，迫使吸收。

（5）吸收时，不需耗费人体能量，不会增加胃肠功能负担。

（6）起载体作用。它可将人所摄入的各种营养物质运载输送到人体各细胞、组织、器官。

总之，肽的吸收具有速度快、耗能低、不易饱和以及各种肽之间运转无竞争性与抑制性的特点。这种生理特性可使底物对不同生理状态及膳食变化具有更大的适应性。当机体由于疾病或其他因素对某种氨基酸不能很好地吸收时，可通过摄入含有此种氨基酸的寡肽来提供氨基酸，寡肽的这种吸收优势具有很大的潜在营养作用。

（四）寡肽的代谢

1. 寡肽在血液循环中的代谢

传统营养理论认为，食物中所含的蛋白质经消化而被吸收的氨基酸与体内组织蛋白质降解产生的氨基酸混在一起，分布于体内各处，参与代谢，构成了体内的氨基酸池（amino acid pool）。氨基酸池通常以游离氨基酸总量计算，而代谢库中的游离氨基酸是各种组织细胞氨基酸的唯一来源。

有研究证实，血液循环中存在的小肽也能够有效被多种组织利用。血液循环中，肽类主要来自消化道吸收、体蛋白分解、机体合成（激素、脑啡肽等）和外源性静脉注射等。寡肽进入肠细胞后，经过二肽酶和三肽酶的水解，最终以游离氨基酸和部分小肽的形式进入血液循环。但也有研究发现，肽能够在血液循环中被消除。例如，给大鼠静脉注射蛋氨酸（Met）-亮氨酸（Leu）和双甘氨肽（Gly-Gly），二者很快在血液中被清除，同时血浆、肌肉、肝和肾中游离的氨基酸浓度逐渐升高。给小鼠静脉注射几种不同的小肽，也可以发现这些小肽的组成氨基酸在血中出现，但其速度并不相同。红细胞对二肽的吸收和代谢并不会改变血浆内二肽被清除的数量。

人体试验也发现，将大剂量丙氨酸（Ala）－谷氨酸（Glu）和甘氨酸（Gly）－酪氨酸（Tyr）通过静脉注入人体，结果二者很快从静脉中被清除，同时血浆中出现等摩尔浓度二肽分解的氨基酸。这些血浆中肽组分氨基酸的升高，可能是由细胞内肽被水解而生成，并随之被释放到血液循环所致。给人静脉连续灌注含有这两种二肽及 18 种游离氨基酸的复合溶液时，则在血浆中出现了等摩尔的肽组分氨基酸和浓度低而稳定的二肽。

肽类不能通过肾从尿中排出，只有通过血液循环被运送到组织细胞中，进而被肽酶水解，并将其组分氨基酸以游离形式释放进入血液循环，再运送到身体其他部位被利用。

2. 寡肽在组织细胞中的代谢

到目前为止，人们对肽在组织中的代谢、肽被组织利用的生理机制以及控制肽代谢的有关因素尚未能完全清楚。一般认为，肽被机体组织利用（包括合成蛋白质）之前要先被水解成氨基酸，因为目前尚未找到肽转运 RNA 存在的证据。细胞液内通常有可以水解肽的酶存在，其存在又与各种膜有关。存在于细胞液中的酶与在膜上结合的酶有所不同，存在于膜上的酶对肽的水解作用发生在肽被转运通过细胞膜的过程中或之前，而细胞液中的酶对肽的水解则要在肽被转运至细胞内液之后才能发生。这些酶的存在均表明机体组织对肽的利用具有相当的潜力。目前，有关小肽、氨基酸如何被转运至组织以及怎样被组织利用的理论有待进一步研究。

有研究表明，肾组织中具有较高的能够水解肽的酶活性，肾细胞可能具有从循环系统除去二肽，将肽组分氨基酸释放至血液的功能。

第二章
活性多肽及其应用

第一节　肽的概述与发展历史

肽是一种有机化合物，由氨基酸脱水而成，含有羧基和氨基，是一种两性化合物，旧称"胜"。

肽是精准的蛋白质片断，其分子只有纳米级大小，极易被肠胃、血管及肌肤吸收。

肽是酰胺之一，由两个或多个氨基酸通过一个氨基酸的氨基与另一个氨基酸的羧基结合而成。一个氨基酸不能称为肽，也不能合成肽，必须是两个或两个以上氨基酸以肽键相连形成的化合物。两个氨基酸以肽键相连的化合物称为二肽；三个氨基酸以肽键相连的化合物称为三肽，以此类推，三十四个氨基酸以肽键相连的化合物称为三十四肽。

肽是涉及生物体内多种细胞功能的生物活性物质。截至 2003 年 9 月，生物体内已发现几百种肽，是机体完成各种复杂生理活性必不可少的参与者。所有细胞都能合成多肽物质，其功能活动也受多肽的调节。肽涉及激素、神经、细胞生长和生殖等领域，其重要性在于调节体内各个系统、器官和细胞。酶法多肽（用酶法催化蛋白质获得的多肽）的生理和药理作用主要是激活体内有关酶系，促进中间代谢膜的通透性，或通过控制 DNA 转录或翻译而影响特异蛋白合成，最终产生特定的生理效应或发挥其药理作用。肽优于氨基酸，其原因一是肽较氨基酸吸收快速；二是肽以完整的形式被机体吸收；三是肽属主动吸收（氨基酸属被动吸收）；四是与氨基酸比较，肽吸收具有低耗或不消耗能量的特点，肽通过十二指肠吸收后直接进入血液循环，将自身能量营养输送到人体各部位；五是肽吸收较氨基酸具有不饱和的特点；六是氨基酸只有 20 种，而肽以氨基酸为底物，可合成成千上万种。

一、体内的肽在不断流逝

活性肽主要控制人体的生长、发育、免疫调节和新陈代谢，在人体处于一种平衡状态。若活性肽减少，人体自身的免疫力就会下降，导致新陈代谢紊乱、内分泌失调，从而引起各种疾病发生，最为常见的就是高血压、糖尿病和血脂异常。活性肽还作用于神经系统，人体之所以变得动作迟缓、头脑不再聪慧，就是由于活性肽减少引起的。更主要的是，活性肽减少可直接引起人体各部位逐渐衰老，引发各种疾病。

人体在不同的年龄时期，各种活性肽的分泌量有很大差别。按分泌量划分，人的一生一般可分为 4 期。

（1）分泌充足期（30 岁以前）：这个时期内分泌量均衡、免疫功能较强，人体一般不易出现疾病。

（2）分泌失衡期（30 ～ 50 岁）：这一时期如果活性肽分泌不足或失衡，会出现各种相关的亚健康状态和轻微疾病症状。

（3）分泌严重不足期（50岁以上）：这一时期如果活性肽严重不足或严重失衡，可能出现明显的衰老症状，或引起各种相关疾病发生。

（4）衰老期：这一时期很短，由于控制人体内分泌的活性肽不分泌或分泌减少，导致细胞功能衰退，引发器官功能衰竭和丧失，进而导致生命终结。

二、21世纪将是肽的世纪

过去的科学认为，人体吸收蛋白质是以氨基酸的形式吸收的。近年来的科学认为，人体吸收蛋白质主要是以肽的形式吸收的。这是人体吸收机制的重大发现和蛋白质吸收理论的重大突破。

从人工合成第一个多肽至今，已经过了整整一个世纪。伴随着分子生物学、生物化学技术的飞速发展，多肽的研究取得了惊人的、划时代的进展。人们发现存在于生物体的多肽已有数万种，并且所有的细胞都能合成多肽。同时，几乎所有细胞都受多肽调节，涉及激素、神经、细胞生长和生殖等各个领域。多肽类物质具有极强的活性和多样性，是世界生物学界、医学界、药学界研究开发的热点，因此生物活性肽将在世界范围内引起关注，可以说21世纪将是肽的世纪。

三、多肽研究的历史

所有的生物，从最简单的病毒到人类，其体内复杂的蛋白质结构都是由相同的20种氨基酸组成，从而构成了千姿百态的蛋白质世界。生物学在对蛋白质的深入研究过程中，发现一类由氨基酸构成但又不同于蛋白质的中间物质，这类具有蛋白质特性的物质被称为多肽。肽是比蛋白质简单、分子量小，由氨基酸通过肽键相连的一类化合物。多肽具有调节机体生理功能和为机体提供营养的双重功效，几乎影响着人体的一切代谢合成。一种肽含有的氨基酸少于 10 个的，称为寡肽；超过 10 个的，称为多肽；含有 50 个以上氨基酸的多肽就是人们熟悉的蛋白质。

1902 年，伦敦大学学院医学院的两位生理学家 Bayliss 和 Starling 在动物胃肠里发现一种能刺激胰液分泌的神奇物质，他们把它称为胰泌素，这是人类第一次发现的多肽物质。由于这一发现开创了多肽在内分泌学中的功能性研究，其影响极为深远，所以挪威诺贝尔委员会授予他们诺贝尔生理学奖。

1931 年，一种命名为 P 物质的多肽被发现，它能兴奋平滑肌，舒张血管而降低血压。科学家们从此开始关注多肽类物质对神经系统的影响，并把这类物质称为神经肽。

1952 年，生物化学家 Stanley Cohen 在将肉瘤植入小鼠胚胎的实验中，发现小鼠交感神经纤维生长加快、神经节明显增大这一现象。8 年后的 1960 年，他发现这是一种多肽在起作用，并将之称为神经生长因子（NGF）。

1953 年，由 Vigneand 教授领导的生化小组第一次完成了生物活性肽催产素的合成。此后 50 年的多肽研究，主要集中于脑垂体分泌的各种多肽激素。

20 世纪 50 年代末，Merrifield 发明了多肽固相合成法，并因此荣获诺贝尔化学奖。

20 世纪 60 年代初期，多肽的研究出现了惊人的发展，多肽的结构分析、生物功能等都相继取得成果。

1965 年，我国科学家完成了牛结晶胰岛素的合成，这是世界上第一次人工合成多肽类生物活性物质。

20 世纪 70 年代，神经肽的研究进入高潮，脑啡肽及阿片样肽相继被发现，从此进入了多肽影响生物胚胎发育的研究。

1975 年，Hughes 和 Kosterlitz 从人和动物的神经组织中分离出内源性肽，丰富了生物制药内容，开拓了"细胞生长调节因子"这一生物制药新领域。此时期发现的细胞生长调节因子多达 100 种，超过了临床应用的多肽激素和其他活性多肽的总和。

1986 年的诺贝尔生理学或医学奖颁给了发现神经生长因子（NGF）的 Stanley Cohen，表彰他为基础科学研究开辟了一个具有广泛重要性的新领域。

20 世纪 80 年代开始，多肽研究逐渐发展为独立的专业，它包含了生命科学最新的分子生物学、生物合成、免疫化学、神经生理、临床医学等多个学科。特别是基因工程的引入，使许多多肽得以大规模表达。1987 年，美国批准了第一个基因药物人胰岛素。

20 世纪 90 年代，人类基因组计划启动。随着科学家们解密一个个基因，多肽研究及其应用出现了空前繁荣的局面。人们发现所有基因表达的生命现象都是由蛋白质呈现的，基因是合成蛋白质的信息指令，但人体所有的生理活动最终需要蛋白质才能完成。于是科学家们把眼光放在生物工程的另一项庞大计划上，那就是蛋白质组计划。蛋白质工程是以蛋白质结构功能关系的知识为基础，通过周密的分子设计，把蛋白质改造为合乎人类需要的新的突变蛋白质。人们可以根据需要对负责编码某种蛋白质的基因进行重新设计，使合成出来的蛋白质结构变得符合要求。由于蛋白质工程是在基因工程的基础上发展起来的，在技术方面有诸多同基因工程技术相似的地方，因此蛋白质工程也被称为第二代基因工程。肽是构成蛋白质的结构片段，也是蛋白质发挥作用的活性基因部分。实际上动物体内的功能性蛋白质多为载体，它们的作用多由挂在其上的肽段完成。透过多肽既可深入研究蛋白质的性质，又为改变和合成新的蛋白质提供了基础材料。由此可见，蛋白质工程从某种意义上来说是多肽的研究。

多肽是涉及生物体内各种细胞功能的生物活性物质。自从生物化学家用人工方法合成多肽的 40 多年以来，伴随着分子生物学、生物化学技术的飞速发展，多肽的研究取得了惊人的、划时代的进展。人们发现存在于生物体的多肽已有数万种，并且所有的细胞都能合成多肽。同时，几乎所有细胞都受多肽调节，涉及激素、神经、细胞生长和生殖等各个领域，生命活动中的细胞分化、神经激素递质调节、肿瘤病变、免疫调节等均与活性多肽密切相关。随着现代生物技术的进步和生命科学的发展，多肽在生物体内的生理功能越来越受重视，尤其是许多活性肽生理功能和结构的明朗，更是推动了科学界对活性肽的研究。

四、我国多肽产业的发展

1965 年 9 月 17 日，中国科学家首次完成人工合成牛胰岛素，这也是世界上第一个蛋白质的全合成。这一成果促进了生命科学的发展，开辟了人工合成蛋白质的时代。这项工作的完成，被认为是 20 世纪 60 年代多肽和蛋白质合成领域最重要的成就，极大地提高了我国的科学声誉，对我国在蛋白质和多肽合成方面的研究具有积极的推动作用。人工牛胰岛素的合成，标志着人类在认识生命，探索生命奥秘的征途中，迈出了关键性的一步，发挥了巨大的意义与影响。

五、多肽产业的发展前景

蛋白质与多肽药物、多肽保健品、开发研究是目前生物医药和保健领域中最活跃、进展最快的部分，将是 21 世纪最有前途的产业之一。而我国生物技术药物的研究和开发起步较晚，目前存在着研制开发力量薄弱、高技术含量的基因工程药物多为仿制等现象。在国家确定的发展高新技术计划中，生物技术产品一直作为优先开发的领域之一。同时，多肽类药物在实现产品的产业化过程中，受到诸多因素的制约，其中药物动力学的研究面临着更高的要求。其主要原因是多肽类药物的结构特殊、用药量很小、生物体内有大量相似物质的干扰，这些都使多肽类药物的分析方法不同于传统药物，大大增加了检测难度。由于多肽药物需要巨大的投入和较长开发周期，所以目前还没有任何具有我国独立知识产权的多肽药物产品，多肽试剂的生产也处于较小的规模。

多肽类化合物广泛存在于自然界中，其中对具有一定生物学活性的多肽的研究，利用其提高人体免疫、增强抗病能力、维护机体健康方面的研究，一直是开发新型保健品的主要方向之一。随着现代科技的飞速发展，从天然产物中获得肽类物质的手段也不断得到提高。一些新方法、新思路的应用，促使不断有新的肽类物质被发现并应用于防病治病之中。目前在我国多肽保健品和多肽食品的应用越来越广泛，已经有不少企业涉足多肽行业，推出的产品也不下几十种，生产已初具规模。从总体来看，我国多肽产业尚处于初级阶段，应该说国内的多肽产品市场正在逐步形成，广阔的市场前景已现端倪。生物活性多肽以其独特的健康理念、全新的科技内涵、良好的工艺性能，将开创一个健康食品新天地。

第二节　肽的应用及前景

肽是分子结构介于氨基酸和蛋白质之间的一类化合物，任何一种蛋白质中都有肽键结构。大多数蛋白质的分子结构非常复杂，相对分子量在 10 万以上，并且分子高度压缩、折叠，形成了立体规则实体，正是这些复杂的结构严重影响了机体的消化和吸收率。人体的多肽物质来源于蛋白质，主要有两个方面：一是食物在消化过程中，蛋白质产生多肽并被身体吸收；二是体内细胞利用蛋白质的降解物氨基酸直接合成。肽和蛋白质的结构一样，都是由氨基酸构成。从氨基酸营养的角度分析，两者是一样的，但肽的分子量比蛋白质小很多，而且具有一些蛋白质没有的生理调节功能。

肽优于高蛋白（大分子蛋白质），两者功能大不相同。首先，肽是传递信息的信使，以引起各种不同实效的正性或异性生理活动和生化反应调节。其次，肽的活性较高，在微量和低浓度的情况下，多肽能发挥其独特的生理作用。第三，肽的分子量小，易于改造，较蛋白质易人工化学合成，而高蛋白不具备这一特点。第四，透过多肽片断可以深入研究蛋白质的性质，并且为改变和合成新的蛋白质提供基础材料。若氨基酸为二次深度开发产品，则肽就是高蛋白的三次深度开发产品。

肽优于氨基酸，其主要体现在：一是较氨基酸吸收快速；二是以完整的形式被机体吸收；三是主动吸收（氨基酸属被动吸收）；四是与氨基酸比较，肽吸收具有低耗或不消耗能量的特点，肽通过十二指肠吸收后直接进入血液循环，将自身能量营养输送到人体各个部位；五是肽吸收较氨基酸具有不饱和的特点；六是氨基酸只有 20 种，而肽以氨基酸为底物，可合成成千上万种；七是各种肽之间运转无竞争性，也不存在抑制性。

作为基础营养物质，肽比氨基酸更易吸收，生物利用度更高。某些低分子的肽类还同时具有防病、治病、调节人体生理功能的作用，这些是原蛋白质及其组成的氨基酸所不具备的。蛋白质的水解产物除了作为营养品满足人体生长发育的需要外，还具备特殊的生理调节功能，这些功能往往不能用原食品的氨基酸组成来解释。功能性多肽是将大分子蛋白质应用生物技术切割而成的，切割后的小分子蛋白质片段可以产生原蛋白质没有的生理调节功能。例如，在现代医学中多肽最成功的应用——胰岛素，挽救了很多糖尿病患者的生命；在欧美最流行的功能性保健品——生长激素（GH），是一种可以促进生长发育、抗衰老的多肽；大豆蛋白制备的大豆多肽，具有降脂、减肥、提高运动能力等功能；鸡卵清蛋白制备的白蛋白多肽，具有提高免疫能力、促进消化等功能；在食品工业中应用最广泛的多肽——阿斯巴甜（甜蜜素），是一种低热量的食用调味剂，其主要来源于玉米；在儿童、妇女及老年人食品中添加最多的肽——酪蛋白磷酸肽（CPP），具有促钙吸收、抗骨质疏松等功能，其主要来源于乳品，尤以初乳制品中的含量较高。

此外，在化妆品中被认为"最时尚"的两种多肽——胶原多肽和表皮生长因子（EGF），其中胶原多肽是皮肤抗皱保湿的首选，EGF 是皮肤的再生因子，二者都是肽类产品的优秀代表。可以说，传统精细化工为特征的化妆品行业向现代生物科技发展进步的显著标志就是多肽技术的运用。

多肽本身是小分子物质，其免消化、直接吸收的营养特性可以提高功效，减轻胃肠道的消化负担，对于消化功能不良人群具有明显的优势。有研究证明，相对分子量在 3400 以下的肽类不会引起过敏反应。利用现代生物技术从天然食品蛋白质中获取的生物活性肽称为功能肽。科学实验证实，功能肽不仅能提供人体生长发育所需的营养物质，而且具有特殊的生理学功能，如降低血脂、延缓衰老、美体养颜、抗氧化、抗忧郁、抗疲劳、改善睡眠、增强记忆、抑制肿瘤等，还能促进人体对蛋白质、维生素及各种有益微量元素的吸收。

生物活性肽的开发应用是当前生物工程领域的热门课题，涉及医药、保健、食品、化妆品等行业，正在形成具有广阔前景的新产业。20世纪 80 年代，日本、韩国、美国和欧洲等国家已经有了专业的多肽经营企业进行产业化运作，其交流和研究课题涉及生物、化学、制药、食品等众多与多肽相关联的产业。

在欧美和日本，已经形成广泛的多肽市场，其多肽产品主要有两类。一类是多肽药品和试剂，目前世界上已有 100 多种多肽药物上市，这类产品纯度非常高，价格也非常昂贵。另一类是以活性多肽为功能因子的低抗原保健食品和含多肽普通食品。多肽应用于食品（保健食品、营养食品、普通食品），开始于 20 世纪 80 年代的日本，随后多肽食品在美国、西欧等发达国家也方兴未艾。

目前多肽食品已经形成产业，许多公司正在开发一系列的多肽食品、多肽食品添加剂以及添加多肽因子的配餐等。功能肽作为一种高科技产品已广泛应用于各类食品中。在日本、美国和西欧，含有多肽的健康食品层出不穷，如多肽饮料、多肽儿童午餐、多肽老人套餐、多肽运动食品、促钙吸收食品、降压食品等。

第三节　肽的生理作用

肽对大多数人来说，既熟悉又陌生，如白蛋白、球蛋白是肽，羊胎素、干细胞是肽，胰岛素、催产素是肽，胸腺素也是肽。

从汉字定义角度来看，"月亮"+"太阳"就是"肽"，阴阳平衡就是肽。牛初乳中含有丰富的天然多肽和寡肽。

从生物学定义角度来看，肽是蛋白质结构与功能的片断，由两个或多个氨基酸分子通过肽链连接组成，也是蛋白质发挥作用的活性基因部分。人体内的氨基酸只有 20 种，但不同的组合就会有不同的肽，因此肽的种类非常多。肽在人的七大营养素中占有最根本的位置。

肽与生物体的其他物质相比，最大的特点是具有极强的活性和多样性。肽是研究生命来源、结构、功能的源泉，也是研究疾病、生理特征、细胞组织的基础。国际生物化学、生命科学、医药学界的专家们一致认为，21 世纪将是肽的世纪。肽作为生化工程、基因工程中的重要研究内容，被列入我国高技术研究发展计划（863 计划）中。同时，肽也是国际科学技术最尖端、竞争最激烈的领域之一，世界范围内有上万名科学家已研究了半个多世纪，现今已成为高科技产业新热点。

一、肽在人体中的生理作用

近 10 年的研究表明，肽片断不仅是蛋白质代谢的产物，而且也是重要的生理调节物。它可以被人直接作为神经递质，间接刺激肠道受体激素或酶的分泌而发挥生理作用。从 β - 酪蛋白水解物中分离出的酪啡肽，其氨基酸序列与内源的阿片肽 N 末端的序列相似。在进一步纯化之后，证实了四肽在体外也具有阿片肽的活性。小麦谷蛋白的白蛋白酶水解物中同样存在肽前体，它可以完整进入循环系统作为神经递质而发挥生理活性作用。蛋白质水解释放的肽在机体免疫调节中发挥着重要功能。蛋白肽由酪蛋白水解产生，可促进和刺激巨噬细胞的吞噬作用，并对大肠埃希菌有抑制作用，也可抑制肿瘤细胞生长。蛋白质在水解过程中产生的肽还可影响养分的吸收。人体内的肽可促进葡萄糖的转运，而且不增加肠组织氧的消耗。研究表明，酪蛋白水解物中某些肽能促进动物胆囊收缩素（CCK）的分泌。蛋白肽可以合成细胞，促进细胞生长和 DNA 合成，调节细胞的功能活性，调节动物体内各系统和细胞的生理功能，激活体内有关酶系，促进中间代谢膜的通透性，或通过 DNA 转录影响特定的蛋白质合成，最终产生特定的生理效应或发挥其药理作用。

当机体代谢和外界刺激产生过多自由基时，自由基会提供生物膜，破坏生命大分子，促进机体衰老，并诱发肿瘤和动脉硬化的产生。谷胱甘肽能消除自由基，起保护细胞分子的作用，如心房肽具有利尿和促尿钠排泄的功能，四肽胃泌素、五肽胃泌素能强烈促进胃酸的分泌，对胃黏膜有营养和增殖作用等。近年来，人们对于大分子蛋白质和氨基酸并不缺乏，而对比这些更高级的功能营养、活性营养即小分子活性肽却相对较缺乏。由于人们膳食结构的改善和对饮食观念的误区，导致一些人出现"现代病"，如高血压、高脂血症、糖尿病、动脉粥样硬化、心脏病、癌症等，大量科学实验证明，肽类物质具有调控这些疾病的功能。随着生物技术的进步和生命科学的发展，生物体内活性肽的生理功能受到越来越多的重视。由于现代人生活节奏快、压力大，加上环境污染，给人体带来前所未有的危害，使人体合成肽的能力大大减弱、停顿或丧失，所以也出现了像内分泌失调、神经系统失调等疾病。因此，人类靠自身合成的肽来调节身体的生理功能已不能满足其需要，必须靠人工体外合成来弥补体内缺肽的状况，以促进人体生理功能的发挥。目前世界上有2000多种病毒在向人类进攻，为了增强人体对外界病毒进攻的抵抗力，用体外合成的肽来补充人体缺失的肽，这样可以调节人体的免疫系统，以防御病毒对人体的进攻。所有这些都成为科学界、医学界、企业界孜孜不倦研发肽的目的。

科学家们研究发现，食物蛋白并非需要在肠道中彻底分解为游离氨基酸后才能被机体吸收和利用。许多蛋白质分子隐含着某些活性片断，它在消化过程中释放出大量短链多肽物质，对人体具有多种生理调节作用，这些活性肽进入人体后，可产生类似激素的作用。某些食物蛋白质（如酪蛋白、卵蛋白、胶原蛋白、鱼肉蛋白、大豆蛋白、玉米醇溶蛋白等）能通过酶解释放出一些生物活性肽。这些活性肽容易被人吸收，同时还有去除自由基、抗衰老、增强免疫、降血压、降血脂、降血糖、减肥、抗动脉粥样硬化、抗氧化、防治心脏病、调节胃肠功能、促进发酵和促进钙及微量元素吸收等多种生理功能调节作用，这些功能都是原蛋白质及组成的氨基酸所不具备的。例如，来自大豆蛋白、玉米醇蛋白、菜籽蛋白、鱼蛋白、乳酪蛋白等的一些多肽、寡肽，能通过抑制血管紧张素转化酶（ACE）的活性使血压降低，而对血压正常的人无降压作用；来自酪蛋白的酪蛋白磷酸肽（CPP）能促进钙及多种对人体有益微量元素的吸收，有助于儿童生长发育，预防佝偻病，改善骨质疏松、贫血等；来自油菜籽蛋白的菜籽蛋白肽，具有抗氧化、消除人体自由基、防止细胞突变、抗衰老的功能；来自大豆和玉米醇溶蛋白的大豆多肽和玉米多肽，可调节血脂、减肥、抗动脉粥样硬化、调节肝病患者血液中的氨基酸、改善肝功能等；来自薏苡仁蛋白的薏苡仁蛋白肽，对多种癌症有抑制作用；来自全卵分离蛋白的蛋白肽，对调节人体免疫系统的生理功能成效显著，优于过去的一些免疫产品，并且还具有合成增殖人体细胞的作用，是肿瘤患者放疗、化疗的福音。

大多数活性肽还具有良好的加工特性，如大豆多肽、菜籽多肽具有良好的溶解性、热稳定性及在高浓度状态下黏度低等特性。因此，活性肽可添加到食品中，制成各种类型的功能性食品，同时能保持原有的生理活性不变。一些专家们认为，活性肽是极具潜力的一类功能性食品原料，也是医药食品行列的一种新原料、新材料，它将以其独特的营养功能和生理特性成为 21 世纪的健康食品。我国已将肽类营养功能性食品的开发列入食品工业的远景目标规划。随着人们对功能性食品认识的不断深入，各种活性肽的生产及应用前景越来越广阔，市场潜力会越来越大。

（一）多肽——传递生命信息的使者

最新医学研究表明，包括脂质在内的营养物质的代谢非常复杂，既有吸收、分解、氧化、转运、合成、再分解等各个环节，又有营养物质之间的互相转换。细胞是物质代谢的核心，而血糖、血脂、脂肪等指标只是某一个代谢过程的外在表现，若只着眼于单一指标，往往事倍功半。脂肪囤积、血脂异常、血压升高等，都与人体活性物质的不稳定状态有关，属于机体代谢紊乱。正所谓根源不除，病患不止、反复无常，要防止心脑血管疾病的发生，必须从细胞调节着手，纠正代谢紊乱。

可以影响其他细胞行为的低分子蛋白质——多肽，被医学界称为"细胞因子"。它就是可以从源头改变机体代谢紊乱的"活命金丹"。人类的生长、发育、代谢，甚至情绪的控制，都有细胞因子的参与。因此，科学家将多肽细胞因子称为传递生命信息的使者。

（二）肽对人体的调理作用

肽对人体的作用，科学家粗略概括为八个字，即抑制、激活、修复、促进。

（1）抑制：抑制细胞变性，增强人体免疫能力。

（2）激活：激活细胞活性，有效清除对人体有害的自由基。

（3）修复：修复人体变性细胞，改善细胞新陈代谢。

（4）促进：促进、维持细胞正常的新陈代谢。

（三）肽与人体的关系

人体的一切活性物质都是以肽的形式存在的。人体内存在多种多样的肽，涉及激素、神经、细胞生长和生殖等方面，主导着人体的生长、发育、繁衍、代谢和行为等生命过程。它们既是人体组织细胞再生的基础物质，又具有独特的生理功能，如促进细胞新陈代谢、修复人体病变细胞等。肽还与免疫功能直接相关，是机体完成免疫功能和进行免疫调节的重要活性物质。因此，肽类物质在保证生理功能的正常进行和维护机体健康方面具有重要作用。

（四）肽的生理功能

（1）通过抑制 ACE 的活性使血压降低，而对血压正常的人无降压作用。

（2）促进钙及多种对人体有益微量元素的吸收，有助于儿童生长发育，预防佝偻病，改善骨质疏松、贫血等。

（3）抗氧化，消除人体自由基，防止细胞突变，抗衰老。

（4）调节血脂，帮助减肥，抗动脉粥样硬化，调节肝病患者血液中的氨基酸，改善肝功能等。

（5）对多种癌症有抑制作用。

（6）促进葡萄糖运转，而且不增加肠组织氧的消耗。

（7）对调节人体免疫系统的生理功能成效显著，优于过去的一些免疫产品。

（8）具有合成、增殖人体细胞的作用，是肿瘤患者放疗、化疗的福音。

（9）大多数活性肽具有高浓度状态下黏度低、良好的溶解性及热稳定性等。

（五）肽的生理特性

肽的重要性在于调节体内各个系统和细胞的生理功能，激活体内有关酶系，促进中间代谢膜的通透性，或通过控制 DNA 转录，或影响特异的蛋白合成，最终产生特定的生理效应。肽可以合成细胞，并调节细胞的功能活动。

在人体中，肽作为神经递质，通过传递信息，间接刺激肠道受体激素或酶的分泌而发挥生理作用；作为运输工具，将各种营养物质与维生素、生物素、钙及微量元素输送到人体各细胞、器官和组织；作为生理调节物，全面调节人体生理功能，增强和发挥人体生理活性。

当机体代谢和外界刺激产生过多自由基时，自由基会提供生物膜，破坏生命大分子，促进机体衰老，并诱发肿瘤和动脉硬化的产生。而肽能消除自由基，发挥保护细胞分子的作用，如心房肽具有利尿和促尿排泄的功能；四肽胃泌素能强烈促进胃酸的分泌，对胃黏膜有营养和增殖作用等。

二、肽在临床医学上的应用

目前，肽已被世界医学界广泛应用，肽类药物已涉及 14 个治疗领域、140 多个品种。

（1）胃肠道类：如奥曲肽（8 肽），用于治疗应激性溃疡及消化性溃疡所致出血。

（2）骨和结缔组织类：如特立帕肽（34 肽），可促进骨骼生长，用于治疗骨质疏松、侏儒症。

（3）新陈代谢类：如治疗糖尿病的胰岛素（51 肽）。

（4）内分泌类：如兰瑞肽（8 肽），用于治疗肢端肥大症以及神经内分泌肿瘤引发的综合征。

（5）过敏、感染及免疫类：如胸腺五肽，用于治疗某些自身免疫性疾病（如类风湿关节炎、系统性红斑狼疮等）、各种细胞免疫功能低下的疾病。

（6）血液类：如比伐芦定（20 肽），用于预防血管成形、介入治疗不稳定性心绞痛前后的缺血性并发症。

（7）心血管类：如依替巴肽（7 肽），用于治疗冠状动脉粥样硬化性心脏病（简称冠心病）。

（8）肿瘤类：如亮丙瑞林（10 肽），主要治疗子宫内膜异位症、子宫肌瘤、乳腺癌、前列腺癌等。

另外，还有应用于治疗神经系统类、生育能力缺陷类、妇科或产科类、泌尿系统类、疼痛类、眼科类的肽类药物。

（一）国外科学家对肽的评价

美国华裔科学家、诺贝尔奖获得者朱隶文博士说："21 世纪的生物工程就是研究基因工程与蛋白质工程，研究蛋白质，某种意义上讲，就是研究多肽。"

美国华裔科学家、艾滋病"鸡尾酒"疗法发明人何大一博士说："可借鉴艾滋病治疗经验，利用合成的多个氨基酸链即多肽，阻止重症急性呼吸综合症（SARS）冠状病毒入侵人体细胞。"

加拿大克雷文·辛斯教授说："肽能使无论何种病因引起的肝病得到明显好转。"

日本科学家田泽惠一说："肽有全方位的作用。"

德国鲍威尔·克鲁德博士说："找到了一个新的抗衰老药物——肽。肽能使人变年轻、健康，使化妆品世界发生了巨大变化。"

英国生理学家马里奥斯·凯拉扎伊说："肌肽——健康长寿的新奥秘。"

美国皮肤老化国际研究会主席尼古拉斯·佩里孔医学博士说："肽、神经肽，这类强大的化学物具有活化皮肤和头发、促进心脏健康、降低许多疾病的发病率、强化免疫系统等诸多功效。"

（二）国内科学家对肽的评价

江南大学食品学院教授、博士生导师杨严俊教授认为，肽是人体营养的重要补充剂，肽类产品资源挖掘、活性标志物鉴定、活性肽标准建立和完善，是科学家们需持续研究的方向。

中国酶法多肽科学家邹远东认为，生物活性肽具有极强的活性和多样性，这类强大的化合物优于任何营养和药品，是21世纪人类健康的法宝。

中国预防医学会营养与食品卫生研究所孟昭赫教授说："肽将成为今后医学领域最有希望的临床治疗与保健的药物，21世纪将是肽的世纪。"

中国著名营养学专家于若木先生认为，小分子肽具有极强的活性和多样性，能够迅速提高人体的免疫力。补充肽可提高免疫力，是永葆健康的根本途径。

中国科学院院士龚岳亭教授认为，生物科学中的许多重要课题如细胞分化、免疫防御、肿瘤病变、抗衰防老、生殖控制、生物钟节律以及分子进化等都涉及有关的活性肽。

中国协和医科大学华杏娥教授认为，肽引发了 21 世纪"营养革命"，其开发与应用具有划时代意义。

（三）我国肽研究的应用状况

1965 年 9 月，我国首次人工合成了结晶牛胰岛素（51 肽）。

1997 年，我国发现了增强记忆、治疗脑功能疾病的神经肽。

2002 年，中国将肽列为国家重点产品开发。

2003 年，小分子肽在抗击 SARS 的过程中发挥了巨大的作用。

2004 年，中国科学院微生物研究所与武汉大学生命科学院研究中心发现抑制 SARS 的 HR2 多肽。

2014 年 7 月 1 日起实施的《食品安全国家标准特殊医学用途配方食品通则》中，对小分子肽的定义是"特殊医学配方食品"。

2017 年 1 月 5 日，国家发展和改革委员会、工业和信息化部《关于促进食品工业健康发展的指导意见》中要求支持发展养生保健食品，研究开发功能性蛋白多肽、功能性膳食纤维、功能性糖原、功能性油脂、益生菌类、生物活性肽等保健和健康食品，并开展应用示范。

2021 年 10 月，我国首个从牛初乳中水解出的蛋白多肽由江南大学食品学院研制成功并投产，多项核心关键技术达到国际领先水平。

第四节 生物活性肽的制备与评价

肽类产品的开发属于低值蛋白资源的生物转化及精制技术范畴，自2013 年起，江南大学等院校合作完成的国家高技术研究发展计划（863计划）课题"肽类产品高效制备技术集成研究与开发"，针对目前活性肽加工制备与高效分离过程中存在的重点关键难题，指出通过对活性肽制备、分离纯化、活性评估等领域关键共性技术的自主创新和强化集成，开发活性肽的高效分离纯化新技术、生物活性肽连续化制备新技术、加工功能性多肽绿色制备新技术、活性肽的高效基因表达与纯化新技术、活性肽生物活性集成与体系化评价技术等，建立一个活性肽分离制备和评价的技术平台，为从低值蛋白等资源中大规模工业化生产活性肽提供有力的技术支撑。

一、活性肽高效分离纯化新技术的研究

生物膜亲和色谱技术是一种高效的活性肽分离方法，江南大学前期重点研究了生物膜亲和色谱柱的制备工艺，并对色谱柱在使用过程中的稳定性进行研究，建立生物膜亲和色谱的吸附洗脱模型。讨论活性肽与生物膜亲和色谱固定相的亲和吸附机制和位点，为该技术应用于复杂体系中特定活性肽的分离纯化提供理论依据。重要的研究成果包括以下 3方面。

（1）构建大肠埃希菌细胞膜膜亲和萃取联合高效液相色谱法（HPLC），成功从麻疯树籽脱毒粕酶解产物中分离出一种抗菌肽 JCpep8。

通过结构鉴定，发现 JCpep8 是一种阳离子抗菌肽 CAILTHKR，其总净电荷 +3，总疏水性氨基酸比率为 50%。

（2）建立酵母菌细胞膜亲和萃取联合 HPLC，成功从酪蛋白酶解液中筛选出一种抗菌肽，利用 MALDI-TOF-MS/MS 技术鉴定其氨基酸序列为 Leu-Arg-Leu-Lys-Lys-Tyr-Lys-Val-Pro-Gln-Leu，命名为 Cpep11。Cpep11 是一种阳离子抗菌肽，总净电荷为 +4，总疏水性氨基酸比率为 45%。

（3）制备磷脂模拟细胞膜固定相，通过测定吸附等温线计算饱和固定量，以此来确定固定相制备过程中磷脂的添加量并保证实验重现性。荧光泄露法证实磷脂以脂双层形式固定于硅胶基质上。利用磷脂模拟细胞膜固相萃取联合 HPLC 技术成功从卵白蛋白胃蛋白酶水解产物中分离得到一种新型抗菌肽。采用基质辅助激光解析电离四级杆飞行时间质谱鉴定其氨基酸序列为 RVASMASEKMKI，命名为 Opep12，其总净电荷 +2，总疏水性氨基酸比率为 50%。

二、生物活性肽连续化制备新技术的研究

这部分的重点在于攻克定向固定化酶技术、双酶共固定化技术、固定化酶耦合膜分离技术等关键制备技术，并探索生物活性肽的活性及构效关系。重要的研究成果包括以下几方面。

（1）工具酶的目标结合位点确定：从 SWISS-PROT 数据库中获取枯草芽孢杆菌中性蛋白酶的三维结构（SWISS-PROTID：C1KF31），确定其活性中心为 His-364、Glu-365、His-368、Tyr-379、Glu-388、Arg-417、Tyr-445 和 His-449 组成的催化椭圆区。将枯草芽孢杆菌中性蛋白酶的三维结构上传至 CASTp 蛋白表面三维结构计算平台，选择远

离活性位点，并与活性位点氨基酸带电性质、疏水性有明显区别的区域作为亲和配基的结合位点。最终确定由 Ser-358、Leu-359、Asp-360、Asp-399、Glu-401、Glu-407、Asp-4087 等氨基酸残基组成的区域为亲和配基的结合区域。中性蛋白酶的活性位点多为带正电荷的氨基酸，而该区域不仅富含带负电荷的氨基酸，还含有多个可与小分子配基相互作用的氢键供体和受体，且位于活性位点的正背面，因此将该目标位点通过小分子配基连接在载体上，可以使中性蛋白酶的活性中心得到最大程度地暴露。

（2）采用分子模拟软件筛选优先结合于工具酶目标位点的亲和配基：对 zinc 数据库中的小分子配基库进行初步筛选。筛选条件为分子量为 200 ～ 400 Da、氢键供体数 >7、氢键受体数 >2、电荷数 >1、供应商为 AlfaAesar。通过以上筛选条件获得了 206 个亲和配基。采用 PyRx 虚拟筛选工具中的 Autodock Vina 软件将筛选出的 206 个亲和配基与枯草芽孢杆菌中性蛋白酶的三维结构进行盲目对接，获得 32 个对接能量小于 -7.5 kcal/mol 的亲和配基。进一步采用 Autodock4.0 软件将筛选出的 32 个亲和配基分别与枯草芽孢杆菌中性蛋白酶的活性位点和结合位点进行对接。发现葡萄糖酸氯己定、盐酸奎宁、4- 氨基哌啶盐酸盐与中性蛋白酶的目标位点有较好的结合能量值，分别为 -12.96 kcal/mol、-9.81 kcal/mol 和 -8.36 kcal/mol。由于这些能量值均优于其与活性位点的对接能量值，所以确定这些小分子配基作为中性蛋白酶的亲和配基。这些小分子配基可以通过氢键或静电相互作用与中性蛋白酶目标位点相互用。

中性蛋白酶在改性后载体上的定向固定：首先对亲和配基在固定化载体表面进行改性，根据分子对接技术筛选出的中性蛋白酶亲和配基的性质和结构特点，选择富含羧基的弱酸性阴离子作为载体。通过"酸、碱、酸"的顺序对该载体进行预处理后，再以酰胺化反应将亲和配基修饰到该载体上。研究发现，葡萄糖酸氯己定修饰的亲和载体对中性蛋白酶的吸附能力最强，这可能是因为该小分子配基含有较多的游离氨基，且分子对称性较好。将固定有葡萄糖酸氯己定的载体置于枯草芽孢杆菌中性蛋白酶酶液中，于 25℃下反应 2 h，使葡萄糖酸氯己定的氨基与枯草芽孢杆菌中性蛋白酶目标结合位点的羧基充分接触。再加入交联溶液在室温下搅拌反应 12 h。反应完毕后，用双蒸水洗去未交联上的枯草芽孢杆菌中性蛋白酶，得到定向固定化的枯草芽孢杆菌中性蛋白酶。该固定化酶的活力达到 64864 U/g 载体，用恒流泵以 1 ml/min 的流速连续冲刷 30 ml 后，固定化的枯草芽孢杆菌中性蛋白酶仍保留初始活性的 90% 以上。

（3）采用交联酶聚集体技术制备固定化双酶：确定交联双蛋白酶（中性蛋白酶和木瓜蛋白酶）聚体（CLEAs）的最佳制备工艺，即沉淀剂乙醇，双酶液 / 戊二醛为 1/5，最佳交联时间为 4 h。按照最佳工艺制备交联木瓜蛋白酶－中性蛋白酶聚集体，并观察其与游离酶在热稳定性、酸碱稳定性、微观表面形态及红外光谱分析等方面的不同。CLEAs 较游离酶表现出明显的高热稳定性，在 30 ～ 65℃的温度范围内处理后，CLEAs 的酶活性保留均高于游离酶；CLEAs 在偏酸偏碱的环境中表现出良好的活性，拓展了蛋白酶的应用范围。

（4）基于定向固定化酶的酶耦合膜分离系统：该装置主要由定向固定化酶反应器、隔膜泵、膜过滤装置及样液输入输出系统等组成。以膜通量、肽得率、水解度、固定化酶活保留率及免疫活性为指标，优化了该分离系统的操作参数。结果发现，在反应温度为 50℃、pH 为 7.5、底物浓度为 1 mg/ml、操作压力为 0.04 MPa、加酶量为 120 U/mg、循环流速为 100 ml/min 的条件下，固定化酶对胶原的水解度达 25%，肽得率为

17%，膜通量为 5.5 L/m²·h，同时固定化酶的酶活保留率达到 80% 以上，所获得的免疫活性肽的 IC50 为 253.7 ng/ml，表明其与 HLA-DRB4 复合蛋白有较高的亲和力。

三、活性肽高效基因表达和纯化技术的研究

这部分研究的总体目标为突破基因表达重组高生物活性肽的关键技术瓶颈，获得重组高生物活性肽串联表达技术，突破重组高生物活性肽－短亲和标签融合表达技术，构建适合重组生物活性肽生产的食品级表达系统。重要研究成果包括以下 3 方面。

（1）将 Lewistag 与活性肽串联多聚体在大肠埃希菌表达系统中进行融合表达，并将 CELP/ChBD 与活性肽在大肠埃希菌表达系统中进行融合表达。

（2）建立 Lewis-SUMO 融合表达纯化系统：其对不同分子量和等电点的蛋白（硫氧还蛋白、3C 蛋白酶、过氧化氢酶和绿色荧光蛋白）均有较好的纯化效果。其在纯化降血压肽过程中需注意：确定高体内体外活性片段；考虑疏水性氨基酸和亲水性氨基酸的比例，防止形成包涵体；多聚体的等电点不宜过高；选择 C 端或者 N 端具有胃肠消化酶切割位点的肽段作为连接片段。

（3）确定降血压活性肽多聚体（AHPM）及其相应的多聚体基因，并识别出胃肠消化酶的酶切位点、降血压活性肽单体、基因的限制性酶切位点及终止密码子。酶切后的 L2（252-273）-SUMO 标签和 SUMO 酶留在硅藻土上，在约 12.4 kDa 处存在明显的单一目的条带，与理论分子量一致。

四、活性肽生物活性集成、体系化评价技术的研究

（1）胆固醇胶束溶解度抑制模型的建立：胆固醇吸收的关键在于胆固醇必须先溶解于混合胶束内，才能被运送到小肠绒毛而吸收。具有降血脂功能的活性成分可与胆固醇在进入胶束溶液空间时产生竞争，并在一定程度上取代胆固醇，而对胆固醇的吸收产生干扰，从而降低胆固醇胶束溶解度。因此胆固醇胶束溶解度抑制模型，可通过模拟人体体外胆汁胶束，分别测定胆固醇与降胆固醇活性成分以及不含降胆固醇活性成分的胆固醇空白样品中胆固醇胶束的溶解度，来计算降血脂活性成分对胆固醇吸收的抑制情况。

（2）大鼠棉球肉芽肿模型的建立：肉芽肿性炎（granulomatous inflammation）是一种以肉芽肿形成为主要特征的慢性增生性炎症。通过肉芽肿模型的建立，是分析食源肽和植物化学物质对炎症因子的表达调控作用典型手段。观察棉球肉芽肿周围血管形态，将棉球连同周围结缔组织一起取出，剔除周围脂肪组织，放烘箱中 50℃烘干 24 h，称干重。该干重减去棉球原重量即得肉芽肿干重。模型组棉球肉芽肿的干重 45.5 ± 2.3 mg，表明肉芽肿老鼠模型建立成功。

（3）以 α-糖苷酶为研究对象，建立明酶-底物反应抑制模型、荧光淬灭实验筛选模型、圆二色谱法筛选模型、分子模拟理论筛选模型。研究显示，酶-底物反应抑制模型易受干扰物质影响活性测定结果，荧光淬灭实验筛选模型适合一定纯度的样品分析，圆二色谱法筛选模型相关数据还需要进一步分析，分子模拟理论模型还需要进一步进行分子结构及机制方面的分析，为建立一种更准确的筛选模型提供科学合理的理论指导。

（4）建立二肽基态酶 IV 模型：结果表明，CLC Drug Discovery Workbench2 程序软件建立的理论筛选方法有一定局限，适合分子量比较接近的物质分析筛选或同一活性分子不同结构的优化设计。

第三章
牛初乳的营养组成与生理活性

第一节　牛初乳的概念和来源

　　牛初乳又称血乳或胶乳，是指母牛分娩后第一次所挤的乳汁，但乳制品业习惯将母牛分娩后 7 天内所分泌的乳汁统称为牛初乳。其中第一次挤奶所得牛初乳质量浓度最高，之后会在 24h 内迅速衰减，经一周左右就基本降至常乳水平。牛初乳是母牛乳糜管分泌物和干乳期积累于乳腺的血清组分（包括免疫球蛋白和其他血清蛋白）的混合物，其色黄、黏稠度大、酸度高，有特殊的乳腥味和苦涩味，并且耐热性差，加热易产生凝块现象，故难以应用于普通乳制品的加工中。

　　2005 年 12 月 11 日，中国首个牛初乳行业规范发布（《"生鲜牛初乳"和"牛初乳粉"行业规范》）。其认为母牛产犊后 3 天内的乳汁与普通牛乳明显不同，称为牛初乳。牛初乳蛋白质含量较高，而脂肪和糖含量较低。

　　初乳中营养物质和各类活性物质的含量丰富，不仅能够提供初生幼畜生长发育所需的各种营养成分，而且在机体免疫等方面具有重要作用。初生牛犊的主动免疫系统发育不完全，而牛初乳中含有高浓度的抗体和免疫球蛋白，其提供的母源被动免疫能够保护牛犊免受多种致病微生物和病毒的侵袭，对牛犊的健康成长有至关重要的作用。奶牛生产的初乳及其在犊牛出生第一天的应用方式决定了初乳免疫球蛋白的吸收效率，是决定犊牛被动抗感染免疫水平的主要因素。免疫球蛋白在牛犊小肠内通过非选择性大分子转运系统吸收进入血液循环，但这种转运能力会在牛犊出生的 6 ～ 12 h 快速减弱，24 ～ 48 h 后完全消失，因此有必要在牛犊出生后尽快提供初乳。但母牛的牛初乳会在分娩后 7 天内过量分泌，有报道称荷斯坦牛产后 1 ～ 3 天的总产奶量平均达 48.47 kg，虽然牛初乳的分泌量仅占母牛年产奶量的 0.5%，仍然远超小牛犊生长发育所需量，这也使人们对牛初乳进行商业化利用成为可能。根据 2019 年中国奶业统计，截至 2017 年，我国存栏奶牛共 1080 万头，按每头母牛产后 1 ～ 3 天初乳总产量为 40.0 kg 计算，除去每头犊牛饲喂 20.0 kg 牛初乳外，每年约有 10.1 万吨牛初乳可供加工利用，可见牛初乳大规模生产销售的潜力。在保证犊牛足量饮用牛初乳的前提下，充分利用富余的牛初乳资源，对增加奶牛养殖业效益、开发功能性食品或保健食品、促进营养健康产业发展具有积极的意义。

牛初乳含有丰富的生长因子，能帮助修复组织，强健肌肉，修复 RNA 和 DNA 以及平衡血糖。牛初乳含有丰富的天然糖蛋白和蛋白酶抑制剂，从而保护免疫因子和生长因子免受胃肠道消化酶的破坏，使其能完整进入肠道，被人体吸收，发挥生理功能。牛初乳是一种纯天然食物，对人体安全，对肠道中的有益菌没有影响，这与大多数抗生素具有广谱抑菌和杀菌作用完全不同。使用抗生素会导致毒性更大的耐药性菌株出现，而牛初乳则不会出现这一问题。牛初乳不仅适用于儿童，而且适用于成年人特别是老年人的保健。对于反复腹泻、呼吸道反复感染和生长发育迟滞的儿童，饮用牛初乳不仅可以补充所需的营养，还具有良好的防治效果。

20 世纪 50 年代以来，随着生理学、生物化学、医学以及分子生物学的发展，人们发现牛初乳中不仅含有丰富的营养物质，而且含有大量的免疫因子和生长因子，如免疫球蛋白、乳铁蛋白、溶菌酶、类胰岛素生长因子、表皮生长因子等。经科学实验证明，其具有免疫调节、改善胃肠道、促进生长发育、改善衰老症状、抑制多种病菌等一系列生理活性功能，被誉为"21 世纪的白金食品"。牛初乳还被外国科学家描述为"大自然赐给人类的真正白金食品"。2000 年，美国食品技术协会（IFT）将牛初乳列为 21 世纪最佳发展前景的非草药类天然健康食品。

第二节　牛初乳——天然的营养宝库

一、牛初乳的主要营养成分

（一）蛋白质

蛋白质是牛初乳中的重要营养物质之一。牛初乳比一般牛乳具有高蛋白、高钙质的营养特征。牛初乳中含有的主要矿物质元素为 Mg、K、Na、Cl、Zn 和 Mn 等，其含有的维生素类物质有维生素 A、D、C、E、B_1、B_2、B_{12} 等。与普通牛奶相比，牛初乳蛋白质含量较高，脂肪和糖含量较低，铁含量为普通乳汁的 10 ～ 17 倍，维生素 D 和维生素 A 含量分别为普通乳汁的 3 倍和 10 倍。

牛初乳中的蛋白质不但含量丰富，而且为优质蛋白。头乳蛋白质浓度可达到常乳的 4 ～ 8 倍，主要为乳白蛋白、乳球蛋白、乳铁蛋白、酪蛋白，还有酶。

天然牛初乳是富含 19 种氨基酸的蛋白质源，含有苏氨酸、异亮氨酸等 19 种氨基酸，其中人体必需的有 6 种。奶牛分娩后第 1、3、5 天的初乳中蛋白质含量分别为 17.12%、4.34% 和 3.61%。牛初乳中氨基酸的含量高于常乳，其中含量较高的是精氨酸（高达 48.2 mg/g），其次是谷氨酸、亮氨酸、脯氨酸、赖氨酸等，含量较低的是半胱氨酸和色氨酸。另外，据科学研究表明，牛初乳中的氨基酸总量超过奶粉 5 倍。

牛初乳和牛乳中氨基酸组成的差别具体见表 3-1。

表 3-1　牛初乳和牛常乳中游离必需氨基酸的含量

游离必需氨基酸	含量（μg/ml）	
	牛初乳	牛常乳
异亮氨酸	18.3130 ± 1.3390	0.1666 ± 0.0117
组氨酸	1.3028 ± 0.0953	0.1518 ± 0.0110
甲硫氨酸	0.8245 ± 0.0604	0.2100 ± 0.0179
缬氨酸	55.4981 ± 4.3212	3.7782 ± 0.2427
赖氨酸	2.3849 ± 0.1455	3.2289 ± 0.2260
亮氨酸	3.9881 ± 0.2917	0.9914 ± 0.0935
色氨酸	0.6056 ± 0.0472	0.1498 ± 0.0117
苯丙氨酸	1.2861 ± 0.0567	0.1399 ± 0.0062
苏氨酸	1.5904 ± 0.0702	0.2306 ± 0.0629

游离氨基酸能够被人体直接吸收，其含量和成分能够部分反映食品的营养价值。由上表可知，牛初乳中游离赖氨酸含量显著高于牛常乳，其他 8 种必需氨基酸含量均极显著高于牛常乳，特别是游离缬氨酸在牛

初乳中含量远远高于其他 8 种氨基酸。

对于非必需氨基酸，牛常乳可测得 7 种非必需氨基酸，而牛初乳可测得 8 种非必需氨基酸，因此牛初乳中的游离非必需氨基酸种类更加齐全。其中，牛初乳和牛常乳中游离丝氨酸和酪氨酸的含量差异不显著，其他 6 种氨基酸的含量在牛初乳和牛常乳中均存在极显著差异（见表 3-2）。

表 3-2　牛初乳和牛常乳中游离非必需氨基酸的含量

游离非必需氨基酸	含量（μg/ml）	
	牛初乳	牛常乳
精氨酸	1.0442 ± 0.0813	0.5556 ± 0.0350
甘氨酸	1.2814 ± 0.0998	0.4224 ± 0.0275
丝氨酸	0.2389 ± 0.0202	0.2489 ± 0.0127
酪氨酸	1.7710 ± 0.1242	1.5843 ± 0.2115
谷氨酸	10.2802 ± 0.5872	54.3356 ± 2.1748
谷氨酰胺	3.1601 ± 0.1849	4.6556 ± 0.2088
丙氨酸	10.5731 ± 0.7731	5.4807 ± 0.2363
脯氨酸	6.3100 ± 0.4614	—

不溶性蛋白质氨基酸是存在于不溶性蛋白中，需要经过水解才能被吸收利用和测定的氨基酸。牛初乳和牛常乳中均含有 7 种水解必需氨基酸，其中，赖氨酸和苏氨酸的含量存在极显著差异，其余 5 种氨基酸含量差异不显著（见表 3-3）。

牛初乳和牛常乳中均测得 10 种不溶性蛋白质非必需氨基酸，其中甘氨酸、酪氨酸、天冬氨酸、谷氨酸、谷氨酰胺、脯氨酸含量差异不显著，牛初乳中其他 4 种氨基酸，即精氨酸、丝氨酸、半胱氨酸、丙氨酸的含量显著高于牛常乳（见表 3-4）。

表 3-3　牛初乳和牛常乳中不溶性蛋白质必需氨基酸的含量

不溶性蛋白质 必需氨基酸	含量（μg/ml）	
	牛初乳	牛常乳
异亮氨酸	259.7738 ± 10.7691	263.2721 ± 10.9582
组氨酸	149.7245 ± 8.7451	88.6965 ± 1.0682
甲硫氨酸	126.8591 ± 5.5471	121.3253 ± 7.7913
缬氨酸	379.5356 ± 15.1669	359.7708 ± 2.4545
赖氨酸	168.1039 ± 14.2047	288.9008 ± 5.7525
苯丙氨酸	246.5826 ± 19.1995	230.9881 ± 12.2085
苏氨酸	330.7658 ± 5.9006	224.5236 ± 4.3575

表 3-4　牛初乳和牛常乳中不溶性蛋白质非必需氨基酸的含量

不溶性蛋白质 非必需氨基酸	含量（μg/ml）	
	牛初乳	牛常乳
精氨酸	302.7308 ± 13.2730	221.2910 ± 11.2734
甘氨酸	430.7369 ± 117.6490	187.0352 ± 7.3279
丝氨酸	303.1644 ± 15.3120	214.4824 ± 13.9508
酪氨酸	164.6644 ± 4.9164	158.5441 ± 4.3945
天冬氨酸	231.5560 ± 7.7311	212.2328 ± 8.1238
谷氨酸	838.6724 ± 9.5913	826.3570 ± 26.9129
谷氨酰胺	0.1216 ± 0.0077	0.1380 ± 0.0086
半胱氨酸	17.3647 ± 0.6803	9.6750 ± 0.4437
丙氨酸	217.0175 ± 8.0777	187.1723 ± 8.3951
脯氨酸	293.0417 ± 11.8540	342.9092 ± 26.6998

（二）脂肪

乳脂肪是乳中最重要的能量物质。牛初乳的脂肪含量比常乳高约 23.5%（多不饱和脂肪酸的含量较高），主要是以脂肪微粒形式存在。奶牛分娩后 48 h 内牛奶脂肪含量开始下降，2～5 天内逐渐上升，5 天后又开始下降。

通常而言，初乳的脂肪含量高于常乳。有研究显示，荷斯坦牛分娩时初乳脂肪含量达 8.04%，经过 5 天后逐渐下降至 3.9%，但也有研究者发现，新疆荷斯坦牛初乳的脂肪含量在产后 120 h 内未出现规律性的下降现象。实际上，牛初乳中的平均脂肪含量范围很广，可能受母牛体型、饲料等影响较大。就单个脂肪酸而言，硬脂酸、油酸和短链脂肪酸（C4～C10）在产后第 1 周所占比例较低，但除 C4 外，其他短链脂肪酸的含量都会上升，在产后 8 周内就能达到最大值的 90% 以上。而初乳中 C12～C16 的相对含量，特别是肉豆蔻酸和棕榈酸的相对含量在初乳中较高，但会随着产后时间的延长而下降，C18:0 和 C18:1 脂肪酸在初乳中也有较高的含量。

牛初乳中含有大量的长链脂肪酸，这是由于在分娩时，奶牛处于负能量平衡状态，需要额外的营养补充，导致其脂肪组织中的脂肪酸受到动员，这些脂肪酸最终被整合到乳脂中。同时，高水平的长链脂肪酸抑制了短链脂肪酸的从头合成，初乳中酰基碳数（ACN）在 38～40 的分子比例会有所上升，而在 44～48 的分子则相反。

固醇是乳脂质的次要成分，约占总脂质的 0.3%，其中胆固醇约占95%。初乳中胆固醇含量远高于常乳，而反式脂肪酸的含量则相对较低。另外，初乳中 5 种主要的磷脂亚类浓度都显著低于常乳，而牛乳的总磷脂含量会在泌乳的第 3～7 天增加，最终达到常乳水平。

（三）维生素

牛初乳中的维生素有水溶性维生素（维生素 B、叶酸、维生素 C 和烟酸）和脂溶性维生素（维生素 A、维生素 D、维生素 E、维生素 K）。

奶牛分娩后 1 天内的初乳中，脂溶性维生素如胡萝卜素、维生素 A、维生素 D、维生素 E 的含量都会增加，为常乳的 2 ～ 7 倍。维生素 C 是在奶牛的肝脏中合成的，但犊牛直到约 3 周大时才开始合成内源性维生素 C，因此在此期间犊牛需要完全依赖牛奶中的维生素 C，常乳中维生素 C 的含量在 1.65 ～ 2.75 mg/100g 之间，初乳中含量略高于常乳。B 族维生素有硫胺素、核黄素、烟酸、生物素、泛酸、叶酸、吡哆醇和钴胺素，初乳中硫胺素、核黄素、叶酸、维生素 B_6 和维生素 B_{12} 的含量高于常乳，泛酸和生物素的含量低于常乳，烟酸的含量则与常乳大致相同。

牛初乳中类胡萝卜含量尤为丰富，其中叶黄素、全反式 β - 胡萝卜素和顺式 -13-β - 胡萝卜素的含量最高，远高于常乳，但随着乳腺分泌物转变为常乳，类胡萝卜素的含量会急速降低。同时，初乳中还含有较多的血浆成分，这些成分使初乳呈现黄红色，相比常乳亮度更低，黄色和红色更加明显。

（四）碳水化合物

乳糖是牛初乳中的主要碳水化合物。奶牛分娩后初乳中乳糖含量的变化趋势与蛋白质、脂肪相反，随着时间的推移呈上升趋势。乳糖含量以奶牛分娩后 2 h 最低，仅为 2.42%，分娩后第 1、2、3、4、5 天内乳糖含量分别为 3.49%、3.80%、3.90%、4.03%、4.09%；而常乳含量为 3.90% ～ 5.00%。

除乳糖外，牛乳中还含有微量的其他糖类，包括葡萄糖、果糖、葡萄糖胺、半乳糖胺和低聚糖等。低聚糖是 3 ～ 10 个单糖由糖苷键共价连接而成，可分为中性低聚糖和酸性低聚糖两大类。中性低聚糖或半乳糖低聚糖（GOS）不含带电荷的碳水化合物残基，而酸性低聚糖含有一个或多个带负电荷的 N- 乙酰神经氨酸（唾液酸）残基。迄今为止，牛初乳中已检测出 40 种不同的寡糖成分，浓度为 0.7 ~ 1.2 g/ml，其中大部分是酸性低聚糖，而牛常乳只含有微量的酸性低聚糖。

虽然牛初乳低聚糖和人初乳低聚糖之间有许多区别，但人们对利用牛奶和初乳作为乳低聚糖的来源来调节胃肠道微生物群产生了极大的兴趣。与人初乳低聚糖相比，牛初乳低聚糖主要是唾液酸化（即酸性）寡糖，具有低聚焦倾向以及较低的结构多样性。近年来，酶糖基化的发展为牛初乳低聚糖的结构增强提供机会，从而改变其结构（类似于人乳低聚糖）。但牛奶加工中的一些复杂性限制了从牛奶高浓度乳糖中分离出低聚糖的能力。在牛初乳中发现的复合 N- 聚糖也可能是一种益生元聚糖的来源，这些 N- 聚糖常与乳蛋白相结合，因而可以采用与其他低聚糖不同的分离策略，先将初乳中糖蛋白分离出来，随后再通过处理得到 N- 低聚糖。牛初乳中含有丰富的糖基化蛋白，这些 N- 聚糖对成人胃肠道微生物群中的某些细菌具有高度选择性，能促进乳酸菌、双歧杆菌等益生菌的生长，是益生菌培养的优质培养基来源。牛初乳也是一种潜在的抗感染聚糖来源，从牛初乳中分离的寡糖对一种侵袭性很强的空肠梭菌有抗感染活性。此外，牛初乳低聚糖还有减轻肠道炎症、改善肠道屏障的功能。

（五）微量元素

牛初乳中的矿物元素有常量元素（钠、钾、钙、磷、镁和氯）和微量元素（碘、铜、锰、锌、钴、硒和铬），这些矿物元素的柠檬酸盐、磷酸盐、氯化物以离子形式分散在溶液中或以胶体的形式与酪蛋白相结合（见表 3-5）。牛奶中的钙和磷酸盐离子是饱和的，它们在离子和胶体形态之间处于动态平衡状态，钙对于维持犊牛的发育以及骨骼、牙齿的健康是必要的，而磷对代谢率和包括骨骼组织发育、能量利用、蛋白质合成和脂肪酸运输在内的生理功能也至关重要。牛初乳中有高浓度的钙和磷酸盐，两种矿物元素在分娩后 2 h 内牛初乳中的浓度分别为 166.67 mg/100g 和 176.56 mg/100g，而在常乳中的浓度则分别为 87.60 mg/100g 和 78.70 mg/100g。由于在初乳期间，酪蛋白胶束没有发生矿化，所以胶体钙和胶体磷酸盐的浓度相对于常乳反而较低。

牛初乳中钠离子和镁离子的浓度也相对较高，但文献中关于钙离子在初乳中浓度的报道差别较大。另外，有报道称母牛分娩时初乳钾含量较低，但产后钾含量逐渐增加，也有其他报道认为初乳中钾离子远高于常乳。目前牛初乳钾含量变化的确切原因尚不清楚，可能与动物的营养状况、环境和遗传因素有关。

相比于常量元素，牛初乳中铜、锌、锰等微量元素含量的相关研究较少，但报道总体而言认为微量元素的含量在牛初乳中较高，并随着产后时间的延长会逐渐降低。

二、牛初乳的活性成分

牛初乳除含有与常乳相同的常规成分（蛋白质、碳水化合物、矿物质、维生素等）外，更重要的是含有大量的生物活性物质，且含量比常乳高 10 ~ 100 倍，其主要包括免疫球蛋白、乳铁蛋白、乳过氧化物酶、胰岛素、溶菌酶，以及表皮生长因子、转化生长因子、胰岛素样生长因子、白细胞介素 -1β、白细胞介素 -6、干扰素 -γ、脑瘤坏死因子 -α 等各种细胞因子，这些细胞因子虽然在初乳中含量甚微，但具有重要的生理功能，如抗感染、抗肿瘤、免疫调节等，特别是在对肠胃道的保护方面，发挥了重要作用。

表 3-5　荷斯坦牛初乳矿物元素含量

时间 （分娩后）	Ca （mg/100g）	P （mg/100g）	Na （mg/100g）	Mg （mg/100g）	Zn （mg/100g）	Fe （mg/100g）	Mn （mg/100g）
2h	166.67±58.98	176.56±44.32	49.89±12.14	47.26±10.05	21.11±6.49	2.73±1.51	102.44±21.55
24h	124.22±39.18	124.00±29.53	45.89±8.89	20.64±5.17	5.69±2.52	1.70±0.43	63.33±36.36
48h	110.44±31.86	103.89±24.81	42.56±5.44	13.29±2.37	5.91±1.02	1.47±0.54	50.22±20.98
72h	121.22±34.51	98.11±22.10	42.00±8.69	11.69±1.83	5.41±1.43	1.50±0.29	48.33±27.55
96h	122.67±48.30	93.89±21.70	37.89±7.64	10.62±0.91	5.34±1.68	1.43±0.38	43.56±26.63
120h	122.89±52.99	92.56±20.70	34.33±3.16	10.66±1.89	4.16±2.22	1.31±0.39	41.00±21.46
常乳	87.60±9.64	78.70±8.78	23.60±5.39	8.50±0.90	3.40±0.92	0.97±0.24	62.60±7.68

初乳是哺乳动物提供给幼仔的最初食物，其功能性成分保障了动物幼仔的健康成长。牛初乳作为人类的功能性食品，具有很高的运用价值。这些生理活性成分具有调节免疫、延缓衰老、促进生长发育、抑制肿瘤等功能，不仅可以制成功能性食品，而且还具有开发天然活性生物药物的巨大潜力。更重要的是，牛初乳还含有下列很多可以调节人体功能的生理活性成分。

（一）免疫球蛋白 IgG

免疫球蛋白（immunoglobulin，Ig）是一类具有增强抗菌、免疫功能的活性蛋白质，是人类（特别是婴儿）健康所需的生理活性物质。根据中链稳定区氨基酸序列的不同，可将免疫球蛋白分为 5 类（IgG、IgA、IgM、IgD、IgE）。免疫球蛋白是牛初乳中最引人注目的免疫因子，牛初乳中免疫球蛋白的含量为 50 ～ 150 mg/ml，是人初乳的 50 倍，其中 IgG 是牛初乳中含量最高的免疫球蛋白，占 80% ～ 90%，是常乳中含量的 100 倍以上，它能部分取代人类 IgA 的功能。

免疫球蛋白是由两条相同的轻链和两条相同的重链通过链间二硫键连接而成的四肽链结构（见图 3-1）。

牛初乳中存在的 Ig 共有 5 类，分别是 IgG、IgA、IgM、IgE 和 IgD，其中最主要的是 IgG。IgG 主要分为 IgG1 和 IgG2 两个亚类。IgG1 是初乳中最丰富的 Ig 同种型，约占免疫球蛋白总含量的 80%。新鲜牛初乳中 IgG 的质量浓度为 30 ～ 87 mg/ml，是普通牛常乳的 50 ～ 60 倍。免疫球蛋白是重要的免疫因子，具有杀菌抑菌、抗感染、中和毒素、增强免疫力等多种功能，牛初乳中高浓度的 Ig 是牛犊重要的被动免疫来源，但随着分泌时间的延长，牛初乳中的各种成分会逐渐和常乳接近。母牛产犊后 7 天内，第 1 次、2 h、24 h、48 h 及 72 h 的初乳中 IgG 平均含量分别为 67.23 mg/ml、73.3 mg/ml、21.3 mg/ml、3.4 mg/ml 和 1.6 mg/ml，分别是常乳（0.6 mg/ml）的 112.05、122.2、35.5、5.7 和 2.7 倍，其中在前 2 天内每次挤乳，IgG 浓度会下降 50%，到第 5 天时为 0.86 mg/ml，已降到常乳水平。

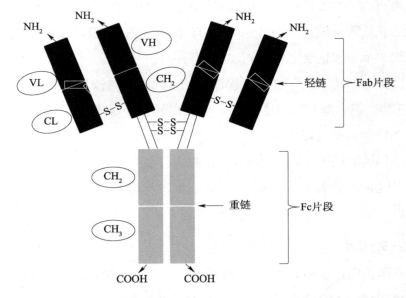

CL：轻链恒定区；VL：轻链可变区；VH：重链可变区；CH₁：重链恒定区 1；CH₂：重链恒定区 2；CH₃：重链恒定区 3；Fab 片段：抗原结合片段；Fc 片段：可结晶片段（启动免疫反应的效应子，无抗原结合能力

图 3-1　免疫球蛋白基本结构示意图

（二）其他免疫调节物质

初乳还含有其他很多与机体免疫有关的物质，对人体健康同样不可欠缺。有的人可能仍然觉得"免疫"一词难以理解，那不妨简单将其看成是"抗病"的代名词。

1. 铁合蛋白

乳铁蛋白（lactoferrin，LF）是一种铁结合糖蛋白，属于转铁蛋白家族，其特点是不易被消化酶水解，具有促进铁传递和吸收、抗菌、抗病毒、抗氧化、抗癌、调节免疫、调整肠道菌群等作用；易与铁离子结合，能将机体所需铁离子运输到血红细胞，并使有害的细菌和病毒无法得到生长所需的铁，从而增强免疫力；抑制体内自由基生成，发挥缓解类风湿关节炎和抗衰老作用。

根据 LF 结合 Fe^{3+} 的饱和程度可将 LF 分为缺铁型 LF、铁半饱和型 LF 和铁饱和型 LF。牛初乳中乳铁蛋白的含量是常乳的 $50 \sim 100$ 倍，其抗菌特性对革兰阳性菌（G^+）、革兰阴性菌（G^-）、病毒（非荚膜和荚膜）、几种寄生虫和真菌均有效。据报道，荷斯坦牛产后第 1 次所挤的初乳中 LF 含量为 1.315 mg/ml，24 h 后降至 0.655mg/ml，第 7 天降为 0.224 mg/ml。

2. 乳清蛋白

乳清蛋白是多种活性蛋白质的混合物，能有效抑制病毒繁殖，预防肠道癌形成，同时刺激骨骼生长，具有降低胆固醇和减肥功能。

3. 乳过氧化物酶

乳过氧化物酶（lactoperoxidase，LP）是存在于乳汁中的一种血红素蛋白，牛乳过氧化物酶由一个含有 612 个氨基酸残基的单肽链组成，分子量为 78 kDa。LP 分子催化中心的血红素基团是原卟啉Ⅸ，通过二硫桥共价结合到多肽链上，铁含量为 0.07%，每个 LP 分子对应结合一个铁原子。钙离子与 LP 有很强的结合作用，钙离子活性对 LP 的结构完整性至关重要。在牛乳中，LP 是仅次于黄嘌呤氧化酶第二丰富的酶，浓度大约是 30 mg/L，在牛分娩后 $3 \sim 5$ 天，牛初乳中 LP 的活性迅速增大至最高值。由 LP、H_2O_2、硫氰酸根（SCN—）组成的酶体系（LPS）对革兰阴性菌有抗菌作用，抑制嗜热菌生长，对沙门氏菌、大肠埃希菌有抑制及灭活双重作用。LPS 体系广泛应用于鲜乳、化妆品、酸奶等的保藏，5 mg/kg 的 LP 就能够抑制酸奶在冷藏时的产酸能力。

乳过氧化物酶生理功能包括破坏病原菌的外膜蛋白，运送系统及核酸等组件；有效中和体内所产生的过氧化物，避免过氧化物在体内积聚引起的伤害和老化反应，如老年斑、器官老化等。

4. 脯氨酸多肽

哺乳动物初乳内含有一种特殊的多肽物质即脯氨酸多肽（PRP），其可支持和调节胸腺（免疫系统控制中心），抑制过分活跃的或激活不活跃的免疫系统，是一种重要的免疫调节物质。

可能有人会有这样的疑问：难道我们的身体还有需要抑制免疫反应的时候吗？答案是肯定的。

初乳 PRP 可增加皮肤微血管的通透性，刺激或抑制免疫反应。这种活性对于人体有重要意义。如类风湿关节炎、系统性红斑狼疮、阿尔茨海默病和过敏等自体免疫疾病的免疫系统因丧失识别能力而攻击自己，此时就非常需要 PRP 来抑制免疫反应。

牛初乳就像一位充满智慧的保健医师，可以根据使用者的不同具体情况对症下药。

5. 糖蛋白

有的糖蛋白直接作为蛋白酶抑制物，有的作为初步消化产物减弱食物对胃肠道分泌的刺激作用。它们有助于防止免疫和生长因子在通过强酸性的消化系统时被破坏。

大自然是最高明的"保健师"，只有它才可能开发、调配出像牛初乳这样能够确保活性成分有效性的保健品。

6. 细胞活素

细胞活素包括白细胞介素、干扰素和淋巴因子，能刺激淋巴结、胸腺，具有抗病毒免疫功能。初乳含有不少仍具活力的白细胞，数量最多的是中性白细胞和巨噬细胞，也有淋巴细胞（以 T 淋巴细胞为主），能够在肠道内产生干扰素和其他健康保护因子。

7. 酪蛋白多肽

酪蛋白是初乳中最主要的蛋白质之一，它除了具有提供氨基酸和能量的营养功能外，还是生物活性肽（其中包括免疫活性肽）的重要来源。这些小肽本身以非活性状态存在于蛋白质氨基酸序列中，在牛初乳食品的生产加工过程中，人们利用酶切技术，使酪蛋白中所存在的这些小肽的活性被充分释放出来，从而成为生理功能的重要调节剂。

酪蛋白复合多肽在人体内还具有信使作用，为神经递质传递信息，维护人体神经整体效应，使人体变得更加灵活、灵敏、聪慧。酪蛋白多肽的多重生物效应系统作用，可预防及改善高脂血症、高血压等症状，促进钙、铁、锌、硒等营养物质吸收，改善睡眠、提高记忆力、免疫力。

到目前为止，人们已经发现了几十种具有不同生理功能的生物活性肽，免疫调节肽就是其中研究较多的一类生物活性肽。它能增强人体的免疫功能，对人体特别是对新生儿正常生理功能发挥着不可替代的作用，它的开发利用和进一步深入研究具有重要意义。

8. 溶菌酶

溶菌酶（LZ）是一种专门作用于微生物细胞的不耐热的碱性球蛋白，广泛存在于乳汁、血清、胃肠和呼吸道分泌液，以及吞噬细胞的溶菌体颗粒中。它能溶解大多数革兰阳性菌和一些革兰阴性菌，促进双歧杆菌的生长，具有杀菌、抗病毒、抗肿瘤细胞等作用。

牛初乳中的免疫细胞 T 淋巴细胞、B 淋巴细胞、巨噬细胞及嗜中性粒细胞等多种免疫活性细胞能分泌特异性抗体，产生干扰素，或者直接发挥吞噬作用，对保护免疫系统尚未发育成熟的新生儿具有重要意义。

9. 酶抑制剂

牛初乳中存在 7 种血浆源性蛋白酶抑制剂，如 α_2-巨球蛋白、α_2-抗纤溶酶、抗凝血酶Ⅲ、C_1 抑制剂、α-胰蛋白酶抑制剂、牛血浆弹性酶抑制剂和牛血浆胰蛋白酶抑制剂。它们的浓度在泌乳早期极高，是常乳中的数倍甚至数百倍，但会在产后 3 天内迅速下降，最终到达稳定水平。这些抑制剂被认为在小牛吸收免疫成分的机制中发挥了重要作用，即保护免疫球蛋白不被蛋白酶水解。

核苷酸和核苷组成了牛乳中的非蛋白氮部分，在牛乳中的含量极低，每升的含量在毫克以下。它们在生物化学合成，即核酸合成、增强免疫反应、调节脂肪酸代谢、促进肠道铁的吸收、改善胃肠道损伤后的修复等方面具有重要作用。牛初乳中核苷酸的浓度高于常乳，最初的初乳中核苷酸的浓度很低，但其浓度会有所上升，在分娩后 24～48 h 达到最大值，随后随着哺乳的继续逐渐降低。核苷在牛初乳中的浓度高于常乳中的浓度，与核苷酸不同的是，初乳中核苷的浓度在分娩后的前48 h 内没有明显的最大值，但其浓度在初乳期同样会不断降低，大约在产后 3 周达到一个恒定的水平。牛奶中嘧啶核苷的含量高于嘌呤核苷，尿苷的浓度在初乳早期较高，但在产后的前几个小时就会快速下降两个数量级，而胞苷的浓度则在泌乳第 2 天即达到最大值。

（三）生长因子

生长因子是初乳中另外一大类重要而珍贵的活性成分，除用作药物外，最初主要是作为化妆品，如时下流行的"羊胎素"，其主要活性成分便是表皮生长因子（EGF），很多人通过注射这类物质保持青春靓丽的容颜。

牛初乳中的生长因子可促进正常生长，有助于老化或受伤的肌肉、皮肤胶原蛋白、骨骼、关节及神经组织的再生和修复；促进机体脂肪的分解代谢，有助于肌肉生长；平衡血糖；有助于调节大脑中"感觉良好"的化学物质（5-羟色胺和多巴胺），使情绪愉快。

1. 胰岛素生长因子

胰岛素生长因子（IGF）可促进体细胞对葡萄糖和氨基酸的吸收，帮助平衡血液糖分。值得注意的是，牛初乳 IGF 是一种分子量为 7649 Da 的碱性多肽，等电点为 8.8，因其具有胰岛素样的降血糖、促进正氮平衡等功效而被广泛用于临床、生物学等领域。

2. 表皮生长因子

表皮生长因子（EGF）对糖尿病患者的慢性溃疡有改善作用，还可加速烧伤患者的角质化细胞生长及角膜移植后的外伤愈合。

3. 转化生长因子

转化生长因子（TGF）是一种多肽分子，可促进细胞增殖、组织修复和维护（即伤口愈合）以及胚胎发育。F.J.Ballard 博士发现，牛初乳促进细胞有丝分裂的效力为人初乳的 100 倍。除具备表皮生长因子（EGF）的作用外，TGF 还可减少肿瘤块血管的形成，使初步受损的癌组织彻底坏死，有助于解决湿疹、皮炎、粉刺、牛皮癣等皮肤问题。

4. 纤维细胞生长因子

纤维细胞生长因子（FGF）可影响多种内分泌和神经细胞的生长和功能；刺激并行血管形成，对局部缺血的恢复有一定作用；促进伤口愈合、神经再生和软骨修复。

5. 神经营养生长因子

神经营养生长因子（NGF）可促进神经组织的修复，具有较强的口服活性。

6. 骨骼生长因子

骨骼生长因子可促进骨骼生长和身体发育。

7. 红细胞、血小板生长因子

红细胞、血小板生长因子可促进红细胞、血小板的生成。

另外，由于牛初乳的化学组成与普通牛奶完全不同，所以其一般不会出现过敏反应。国外多年研究牛初乳的科技人员也曾指出，从来没有看到一例关于牛初乳过敏反应的报道。

第三节　牛初乳生物活性因子的制备与开发

牛初乳中含有能够增强免疫功能和促进生长发育的生物活性因子（见表 3-6、图 3-2），其中免疫球蛋白的总质量浓度为 50 ～ 150mg/L，是常牛乳的 50 ～ 150 倍；乳铁蛋白的含量是常牛乳的 50 ～ 100 倍。牛初乳中还含有溶菌酶和其他免疫物质，是各种免疫因子的集大成者，因此被称为"免疫之王"。

表 3-6 牛初乳中活性因子的分子量

分子量范围 /kDa	活性因子	分子量 /kDa
100 ～ 900	免疫球蛋白 M	900
	免疫球蛋白 A	380
	免疫球蛋白 E	200
	免疫球蛋白 D	180
	免疫球蛋白 G	150
50 ～ 100	乳铁蛋白	80
	转铁蛋白	79
	乳过氧化物酶	78
10 ～ 50	血管内皮生长因子	34 ～ 42
	血小板衍生生长因子	28 ～ 35
	转化生长因子 β	25
	B- 乳球蛋白	19
	成纤维细胞生长因子 2	18
	瘦素	16
	溶菌酶	15
	乳白蛋白	15
	细胞因子	10 ～ 30
0 ～ 10	胰岛素样生长因子 I	7.5
	胰岛素样生长因子 II	7.5
	表皮生长因子	6
	转化生长因子 α	6
	传递因子	3 ～ 6
	低聚糖	0.5 ～ 1.3
	肽	0.5 ～ 5.4

图 3-2　牛初乳中的活性因子

一、抗菌因子

（一）免疫球蛋白

牛初乳中含有免疫活性显著的免疫球蛋白（Ig）。Ig 可通过初乳传递给新生仔畜，为其提供被动免疫，抵抗外来病原菌的侵袭，直到新生仔畜自己的免疫系统成熟，因此该物质也是婴幼儿、儿童生理活动中的有利营养物质。Ig 是一类具有抗体活性或化学结构与抗体相似的球蛋白，它能部分取代人类 IgA（4.1 ～ 4.57 mg/g）的功能。牛初乳中 Ig 的总含量为 50 ～ 150 mg/ml，可分为 IgG、IgA、IgM、IgE 和 IgD，是常乳的 50 ～ 150 倍，其中 IgG 占 80% ～ 90%，IgA 约占 5%，IgM 约占 7%。此外，随着乳分泌时间的延长，牛初乳中的各种成分逐渐和常乳接近。实验测定发现，荷斯坦牛产后第 1 次所挤初乳中 IgG 平均含量为 67.23 mg/ml，24 h 降至 10.15 mg/ml，第 7 天降为 0.73 mg/ml，仅为第 1 次初乳的 1.09%。

从生物活性来看，Ig 能够与细菌、病毒等病原体进行特异性结合，从而使致病菌繁衍能力下降；对巨噬细胞产生激活作用，让机体免疫能力得以增强；与受体产生反应并得到抗体，促使抗体与靶细胞相互结合，以此促进生物抗毒性提升。

Ig 的免疫活性受温度、pH 值、蛋白酶活性以及作用时间等因素影响。牛初乳 IgG 在温度低于 65℃时稳定性较高，在 65℃加热 30 min后，IgG 仍具有 67% 的活性；温度继续升高时，IgG 变性比较迅速。在 pH<4 时，Ig 的活性损失较大。许多蛋白酶如胃蛋白酶、胰蛋白酶等可水解 IgG 的重链，使其活性降低。因此，分离纯化时应避免上述因素对 Ig 活性的破坏。如果对牛初乳进行辐照，随着辐照剂量的增加，菌落总数、大肠埃希菌、霉菌、酵母菌显著减少，而免疫球蛋白 IgG 活性下降不显著，因此辐照可作为牛初乳灭菌的一种有效方法。

根据蛋白质的分子大小、电荷多少、溶解度以及免疫学等特征，可将牛初乳中的 Ig 进行分离提纯。常用的方法有盐析法（如多聚磷酸钠絮凝法、硫酸铵盐析法）、有机溶剂沉淀法（如冷乙醇分离法）、有机聚合物沉淀法、变性沉淀法、离子交换层析法、凝胶过滤法、超滤法、亲和层析法等。为了获得较纯的产品，经常几种方法联用。另外，曾用于大规模生产的方法主要有冷乙醇分离法、盐析法、利凡诺法和柱层析法等，应用较多的为硫酸铵盐法和冷乙醇分离法。由于硫酸铵在水中的溶解度很大，有利于达到高离子强度，并且受温度影响小，一般不会引起蛋白质变性，所以常用来盐析 Ig。在 IgG 的分离过程中，要求在工艺上要防止破坏 IgG 的生物活性。

（二）乳铁蛋白

乳铁蛋白（LF）是牛初乳中一种重要的生物活性物质，生物功能繁多。除乳汁中含有 LF 外，在唾液、胰液、泪液和汗液等外分泌物以及白细胞中均含有 LF，但含量甚微。牛 LF 与人 LF 有些部分在结构上相似，有约 70% 的相同氨基酸序列，与铁结合能力相差不大。牛 LF 能增强肠道系统对铁的吸收，LF 的氨基和羧基末端的两个铁结合区域能高亲和性并可逆地与铁结合，从而维持铁元素在一个较广的 pH 范围内完成铁在十二指肠细胞的吸收和利用。

乳铁蛋白可对人体内环境产生改善作用，如可促使肠道菌落保持平衡。若 LF 作为药用载体，可使运载过程顺畅进行，并促使药物直接作用于靶细胞，从而让药物剂量得以控制。在免疫调节方面，LF 主要附着于白细胞、巨噬细胞、淋巴细胞等表层结构上，当乳铁蛋白与白细胞结合或与淋巴细胞等结合时，会进一步提升巨噬细胞的吞噬作用，从而使细胞的杀伤能力得以提升，让机体免疫能力进一步增强。LF 对 T 细胞成熟以及 B 细胞成熟等均会产生不同程度的影响，对淋巴细胞增生也会产生促进作用，这对于细胞免疫整体功能水平改善具有重要意义。

LF 能抑制大肠埃希菌、沙门氏菌、痢疾杆菌、金黄色葡萄球菌、杆菌和单细胞李斯特菌等多种革兰阴性菌和革兰阳性菌，属于广谱抑菌剂。许多研究者认为，乳铁蛋白具有抑菌能力是由于乳铁蛋白能与铁结合成络合物，从而剥夺了细菌生长所需的基本营养。在婴儿肠道内，铁离子含量少，LF 夺取了细菌所需的铁源，因此 LF 对婴儿抑菌作用更为明显。LF 可与菌体表面结合，从而隔断外界营养物质进入菌体，致使菌体死亡。同时，LF 能抑制人体免疫缺陷病毒 -1（HIV-1）和巨细胞病毒（HCMV），还具有抑制肿瘤、促进肠道及肠道内双歧杆菌生长、清除体内自由基、促进中性白细胞对受伤部分的吸附和聚集、增加粒细胞黏性、促进细胞间相互作用、调节免疫球蛋白分泌等功能。

LF 的活性受温度、pH、铁饱和程度以及柠檬酸盐浓度等影响。在温度为 65℃的条件下，90% 的 LF 变性较缓慢，随着加热温度的升高，LF 稳定性下降的幅度增大。因此，LF 可以应用于高温短时处理的乳制品及其他食品中，但不能直接进行超高温瞬间灭菌（UHT）处理。LF 在中性 pH 下具有较强活力，由于肠液的 pH 接近中性，所以 LF 在肠液中可充分发挥其生物学功能。

LF 的分离纯化方法较多，如离子交换色谱法、亲和色谱法、固定化单克隆抗体法能分离出高纯度的 LF，但具有成本昂贵、效率低等缺点，难以实现工业化生产；超滤法操作简便，费用相对低，易形成工业化规模，但具有 LF 纯度较低、膜需经常清洗等缺点；盐析法和有机溶剂沉淀法是分离蛋白质常用的方法，相对于目前报道所用的离子交换层析和凝胶层析方法比较简单、易于操作，而且成本相对也低，适用于保健品和食品添加剂等纯度要求不高的行业。

（三）乳过氧化物酶

乳过氧化物酶（LP）是存在于乳汁中的一种血红素蛋白，也是一种来自动物的过氧化物酶，在初乳中含量尤其丰富（11 ～ 45 mg/L）。LP 是一种糖蛋白，单独存在时并不能发挥生物功能，只有和代谢产物过氧化氢、硫氰酸根（SCN-）组成 LPS 后，才能增强氧化作用，抑制病原体的生长。LPS 具有破坏菌体蛋白质的硫氢基、抑制链球菌的生长和代谢、杀死大肠埃希菌、抑制和杀死沙门氏菌等功效。另外，有些病毒包括脊髓灰质炎病毒、HIV-1，也对 LPS 的破坏作用敏感。

牛初乳中 LP 的最适 pH 值为 4.5 ～ 5.0，但在中性条件下也有相当的酶活力，在 pH3.0 左右和人体胃液中，LP 仍能维持活力。LP 较为耐热，通过巴氏消毒后残留活力约 75%，但 LP 在 80℃加热时将完全丧失活性。

开发 LP 的最大问题是其分离过程繁琐、纯化困难、制造成本较高，难以实现商业化，因而使用不同的分离纯化技术提取 LP 一直是研究的重点。国外有用 CM-Sephadex 离子交换色谱法、Sephadexg-100 凝胶过滤色谱法、苯基－琼脂糖疏水亲和层析、Toyopearl-SP 阳离子交换层析法等纯化方法提取 LP。国内在这方面的研究相对较少，有用超滤离子交换色谱分步洗脱法及强阳离子交换色谱梯度洗脱法对牛乳中的 LP 进行分离和纯化。近期有研究使用双水相萃取技术从牛初乳乳清中提取 LP。与一些传统的分离方法相比，双水相萃取技术所使用的分离设备简单，在温和条件下进行简单操作。因此，探索操作简单方便、纯化快速、成本低、效率高、开发潜力大的新型分离提纯方法是今后努力发展的方向。

（四）溶菌酶

溶菌酶由一条含有 129 个氨基酸的多肽链通过 4 个二硫键交联而成，分子量为 15000 u。溶菌酶根据其结构、分子量和来源的不同，可分为植物溶菌酶、微生物溶菌酶、噬菌体溶菌酶及 3 种动物性溶菌酶（c 型、g 型和 i 型）。牛乳溶菌酶属于 c 型溶菌酶，不但与溶菌酶具有相似的生物学作用，而且还具有同源性的优势。同时，在牛初乳中富有多种酶类，分为还原酶、水解酶以及氧化还原酶 3 种，牛乳溶菌酶为水解酶。有研究表明，使用缺乏溶菌酶的婴儿配方奶粉，会导致发生腹泻的可能性增加 3 倍。

牛乳溶菌酶的最适 pH 值为 7.9，最适温度为 45 ~ 50℃，但受离子强度影响较大；在酸性 pH 下具有较强的耐热性，如 pH 4.0 时，100℃加热 20 min 其残留活力在 60% 以上；当 pH>7 时，热稳定性较差。

溶菌酶的杀菌机制是破坏细菌细胞壁的肽聚糖层而导致细菌细胞的

细胞壁破裂，从而使细菌因渗透压不平衡而破裂死亡。由于人和动物的细胞无细胞壁，所以溶菌酶不起作用。溶菌酶在牛初乳中含量较高，为 0.14～0.7 mg/L，是常乳的两倍。溶菌酶是一种非特异性免疫因子，对杀死肠道腐败球菌有特殊作用，在婴儿体内可以直接或间接增加婴儿肠道双歧杆菌数量，有利于婴儿消化吸收。

二、生长因子

（一）胰岛素生长因子

牛初乳中胰岛素生长因子（IGF）含量最高，大约是常乳的 100 倍，属于典型的多肽类生长因子。从结构来看，它与胰岛素原具有一定的相似性。IGF 在初乳中的含量因来源不同而有很大差别，浓度范围为 5～200 μg/L，主要是由于生长激素的刺激而产生。IGF 可对有丝分裂产生促进作用，从而加速细胞分化、促使细胞增殖；对胰岛素代谢具有良好的调节作用，并可对肝糖原的释放产生抑制，从而催化葡萄糖转化并促使脂肪分解，因此对糖尿病患者而言，牛初乳可对其症状产生有效的控制作用。

IGF 作为一种自分泌和旁分泌激素，能增强细胞对葡萄糖的吸收，诱导蛋白、DNA、RNA 和脂质的合成，刺激氨基酸循环，促进机体生长发育，为新生幼仔尽快适应外界环境打下坚实的基础。IGF 主要由 IGF-Ⅰ和 IGF-Ⅱ两种热稳定蛋白组成。在初乳中主要是 IGF-Ⅰ，它是一种由 70 个氨基酸残基组成的单链多肽，分子量是 7600 u，等电点为 8.4。IGF-Ⅰ是神经生长、发育、修复过程中的一种重要生长因子，可有效促进处于分化期的细胞增殖，对于成熟细胞有促生长作用。研究发现，以含 IGF-Ⅰ（750 μg/L）的配方乳饲喂初生犊牛，可使犊牛的小肠组织 DNA 合成率提高 2 倍，特别是回肠段更明显。另外，IGF-Ⅰ还能促进淋巴组织增生，调节 T 细胞的生长与分化。

目前 IGF-Ⅰ的分离方法主要有酸萃取 - 离子交换色谱 - 高压液相色谱法（HPLC）、碱性稀释超滤法、酸 - 乙醇等前处理和凝胶过滤层析法。由于 IGF 含量低，提纯比较昂贵，而且提纯工艺比较复杂，所以要想得到高纯度的产品并实现工业化生产，对分离纯化的方法还有待进一步探索。

（二）转化生长因子

转化生长因子（TGF）最主要的作用是促进骨和软骨组织的形成和修复，对细胞生长、分化和免疫功能具有重要的调节作用，可分为 α、β 两型，TGF-α 和 TGF-β 氨基酸序列与人的完全相同，并且作用于特殊细胞的表面受体。

TGF-α 在整个胃肠道系统的黏膜内产生。TGF-α 的系统作用是刺激胃肠道生长与修复、抑制酸分泌、刺激损伤之后的黏膜恢复和增加胃黏液素的浓度。在小肠和结肠内，TGF-α 表达主要发生在小肠上段（非增生型区段），表明其生理作用可能是影响分化和细胞迁移，而不是细胞的增生，因此 TGF-α 可能对 TGF-β 起互补作用，以控制肠内上皮细胞分化和增殖之间的平衡。在部分肝切除术患者的胃肠黏膜损伤部位可以测到 TGF-α 表达的上调，这一结果表明 TGF-α 具有在黏膜生长和修复中的作用。

TGF-β 是一种广泛存在、具有多种功能的生长因子，对多种细胞有着广泛的生物学效应，如调节细胞的生长、分化、凋亡和细胞外基质（ECM）合成。在第一次挤奶所获乳汁中，TGF-β 的质量浓度为

150~1150 μg/L，其中 90% 以上以隐性分子形式存在，通过改变体系离子强度、酸化处理或蛋白酶水解均可将其隐性形式激活。TGF-β 可明显增加骨髓基质细胞的增殖速度，促进间质细胞增生，加速伤口愈合和组织修复。有研究表明，TGF-β 在骨修复过程中也发挥着重要的作用。乳源性 TGF-β 对于促进皮肤成纤维细胞增殖具有十分关键的调控作用。同时，TGF-β 还能刺激免疫球蛋白 IgA 和 IgG 生成。TGF-β 在胚胎发育和组织损伤后的修复和重建过程中也具有重要作用，并可影响伤口愈合过程的各个阶段，影响和调节炎症反应、细胞的增殖与细胞外基质的积聚。

TGF-β 的分离纯化比较困难，可以采用酸醇萃取法进行样品预处理，使用 SPSepharoseFF 进行初步分离，再将洗脱峰收集产物进行凝胶过滤层析。

（三）成纤维细胞生长因子

牛初乳的成纤维细胞生长因子（FGF）成分在机体感染、创伤愈合过程中被激活，对纤维芽细胞、间叶细胞、神经细胞、核上皮细胞均有增生作用，能够刺激血管内皮细胞增生，促进血管形成，参与组织修复过程。

FGF 是一个大家族，至少由 18 个多肽因子组成，目前研究最多的是 FGF-1 和 FGF-2。不同种属间 FGF-2 的氨基酸同源性较高，如人和牛的 FGF-2 只差 2 个氨基酸残基，其氨基酸顺序同源性达 98.7%。

（四）表皮生长因子

表皮生长因子（EGF）由 53 个氨基酸组成，是一种低分子量、对热稳定的多肽，能抵抗胰蛋白酶、肺蛋白酶和胃蛋白酶的消化。初生动物的胃肠道细胞处于一种"开放"的状态，EGF 可以通过胞饮作用直接进入黏膜细胞和循环系统，更有利于 EGF 功能的发挥。

EGF 作为一种强有力的细胞分裂促进因子，可促进上皮细胞增殖，对间质和内皮细胞发挥生物学效应；刺激体内和体外培养的多种类型组织和细胞的分裂、增殖和分化；增加蛋白质和 DNA 的合成；促进氨基酸、葡萄糖和离子的运输；增加前列腺素的合成和释放；抑制胃酸分泌，促进溃疡愈合等。研究表明，乳中的 EGF 能增加小肠 DNA、RNA 和蛋白质的含量及胃肠道的长度和质量，促进新生动物胃肠道的生长发育，改善酸的分泌及肠道酶的活性水平。此外，EGF 还有刺激肠道消化酶、增强肠道的吸收功能，以及增加绒毛高度和乳糖酶活性的作用。

第四节　牛初乳与人初乳营养对比

一、乳清蛋白组成对比

乳是由哺乳动物乳腺分泌的一种营养物质，含有蛋白质、脂肪、乳糖、矿物质等各种生物活性成分，营养价值十分丰富，易被人体消化吸收，是动物幼崽及婴幼儿获得营养物质的重要来源。一般将母体在产后7 天内分泌的免疫活性强、营养价值高的略带黄色的乳汁称为初乳，母体在产后 15 天以后分泌的乳汁称为常乳。人初乳量少，外观为深黄色，维生素 A、牛磺酸及矿物质含量丰富，还含有对抗各种病毒、细菌的免疫细胞，俗称"液态黄金"。初乳内蛋白质含量较高，约为成熟乳的2 倍，而且大部分为球蛋白；免疫球蛋白含量也较高，即我们常说的抗体，初乳中的抗体浓度超过母体血液中的浓度。人初乳中含较高浓度的免疫物质，包括分泌型 IgA、生长因子、乳铁蛋白、抗炎细胞因子、低聚糖、抗氧化物质等，可为婴儿提供多方面的保护。人初乳还含有较多的维生素和矿物质，特别是碘和锌含量较高，有助于婴儿的生长发育。世界卫生组织推荐至少母乳哺育 6 个月，以保证婴幼儿的健康成长。虽然目前母乳喂养率逐年攀升，但是由于健康、工作和家庭等原因，仍有很多母亲无法进行完全的母乳喂养，这些婴幼儿需要依靠婴幼儿配方乳来获取生长发育所需的营养成分和生物活性物质。目前生产婴幼儿配方乳主要是以牛乳为基础，通过调整牛乳中部分成分来尽可能地模拟母乳。

乳清蛋白是人乳蛋白的主要部分，解析人乳与牛乳在组成上的差异是解决配方乳母乳化的科学基础。母乳乳清蛋白和酪蛋白的比值从初乳的 80∶20 至成熟乳的 60∶40。乳清蛋白是乳在适当温度及等电点的情况下，经过酸化沉淀以后分离出来的物质，其中包含 β-乳球蛋白、α-乳白蛋白、血清白蛋白、免疫球蛋白和乳铁蛋白等物质。由于乳清蛋白具有较高的吸收性、完整的氨基酸成分、低脂肪、低胆固醇，还浓缩了乳中大多数的营养成分，不仅能促进身体健康，还可以提高免疫力、增强骨质，所以是目前最常食用的蛋白质补充产品。此外，乳清蛋白还可以补充人体所需的氨基酸，提高机体抗氧化能力，保护免疫细胞，减轻疲劳。

将人初乳（HC）与牛初乳（BC）中乳清蛋白进行分离并结合液质联用技术可鉴定出乳清蛋白的组成。人初乳与牛初乳的乳清蛋白在蛋白组成及含量上存在较大的差异。人初乳的乳清蛋白主要包含 α-乳白蛋白和免疫球蛋白，牛初乳的乳清中也含有特异性表达蛋白（可能含有对人体有益的成分）。人初乳与牛初乳乳清中还含有部分相同表达的蛋白，如果将牛初乳中与人初乳乳清蛋白表达相同的蛋白质以及对人体有益的特异性表达蛋白质均充分利用在婴幼儿功能性食品加工中，将会提高牛初乳乳清蛋白中有益成分的利用率，使牛初乳乳清蛋白在婴幼儿食品中发挥出最有效的作用。根据人初乳与牛初乳乳清蛋白酶解后的鉴定结果表明，人初乳乳清蛋白中含有 477 种蛋白，牛初乳乳清蛋白中含有 325 种蛋白，说明牛初乳乳清蛋白的营养价值在婴幼儿生长发育阶段并不能完全代替人乳。此外，人初乳乳清蛋白中有 343 种特异性表达蛋白，牛初乳乳清蛋白中有 191 种特异性表达蛋白，说明在蛋白质组成上，牛初乳与人初乳的乳清蛋白还存在一定的差别，并且人初乳乳清蛋白中含有特异性表达蛋白种类较多，其中不乏对人体生长发育起决定性作的蛋白，但有 134 种蛋白质在人初乳与牛初乳中都有表达（见图 3-3）。

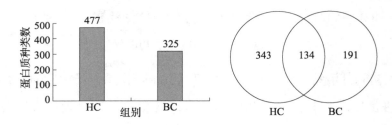

图 3-3 人初乳与牛初乳中乳清蛋白组成与维恩图

人初乳与牛初乳中乳清蛋白的生物过程主要是细胞定位、细胞定位的建立、应激反应、免疫系统过程、传导和生物调控。如图 3-4 所示，通过对生物过程的分析可知，人初乳中乳清蛋白在生物过程中发挥的作用普遍高于牛初乳，尤其体现在应对刺激反应作用中，婴儿离开母体后接触的外界环境条件与母亲体内环境相差甚远，婴儿机体需要具有良好的应激反应能力才可以尽早地适应外界环境，保持机体健康生长。其次是免疫系统过程，婴幼儿的免疫系统尚未成熟，免疫功能尚不健全，而人初乳的乳清蛋白能够提供免疫相关蛋白质。因此，婴幼儿可通过摄入人初乳来提高自身免疫力、抵抗疾病、预防外界刺激，在此过程中人初乳中的乳清蛋白成分发挥着不可替代的作用。牛初乳与人初乳的乳清蛋白具有酶调节活性、结合作用、酶抑制活性、抗氧化活性、胆固醇转运活性等分子功能。

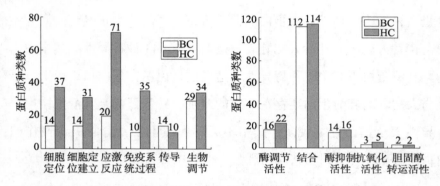

**图 3-4   以牛初乳为参照人初乳乳清特异性表达蛋白参与的生物
过程及其具有的分子功能**

人初乳乳清特异性表达蛋白主要具有结合作用。蛋白质的结合作用可以将蛋白质与其他物质相结合形成结合蛋白，扩展蛋白质功能，其中与相应抗原特异性结合可激活补体、促进吞噬作用。在分子功能方面，牛初乳的乳清蛋白与人初乳相差不大，并且二者的胆固醇转运活性持平。

胞外区是分子结合功能的区域，也是很多细胞表面功能分子的特异结构区，在此区域可发生很多细胞激活反应，人初乳的乳清蛋白胞外区所占比例为之前分子结合功能提供了足够的空间。细胞质囊是蛋白质、ATP 等生命物质的合成场所，在此区域可进行能量与物质的代谢。如图 3-5 所示，与牛初乳相比，人初乳乳清蛋白参与形成的细胞组成有细胞质囊、胞外区、细胞外区域部分、蛋白质－脂类复合物，其中胞外区特异性差距最为明显。婴儿的骨骼、脑及神经系统在婴儿期生长发育极其迅速，这个时期需要提供足够的能量与营养素以保证其基础代谢，在此过程中，细胞质囊中进行的合成代谢反应关乎婴儿身体及脑力的全方位发育。因此，人初乳乳清特异性表达蛋白在婴幼儿生长发育过程中具有决定性作用。

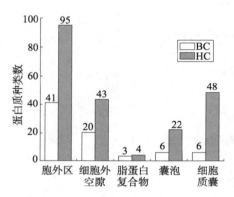

图 3-5 以牛初乳为参照人初乳乳清特异性表达蛋白参与的细胞组成

由于新生儿的消化吸收功能尚不完善，而且免疫能力也未发育成熟，与高营养需求相矛盾，人初乳中含有的成分有益于肠道乳酸菌、双歧杆菌群的繁殖，所以可通过摄入母乳来获得一些有助于消化功能的蛋白来提高消化吸收率。由表 3-7 可知，通过在线京都基因与基因组百科全书系统（KEGG）代谢通路检索，人初乳乳清特异性表达蛋白中有 23 种蛋白参与免疫消化系统－酶酵解及糖原异化。人初乳乳清特异性表达蛋白主要参与淀粉和蔗糖的新陈代谢，这条途径与婴幼儿消化吸收密切相关。酶酵解能够实现蛋白质在消化系统中水解成肽，蛋白质水解肽不仅具有易消化吸收的功能，而且还具有抗敏性安神、促进免疫增强生长的功能。糖原异化则能增强蛋白质的溶解性，使婴儿机体达到对人初乳蛋白的最佳吸收率。人初乳乳清蛋白中含有的特异性表达蛋白酶是在酶酵解和糖原异化过程中不可或缺的成分。因此，人初乳乳清特异性表达蛋白在婴幼儿的消化系统及免疫调节中具有非常重要的作用，而牛初乳乳清蛋白的作用则远不及人初乳。

表 3-7　参与酶酵解与糖原异化 KEGG 通路的蛋白

Uniprot 登录号	蛋白名称	蛋白质评分	分子质量（kD）
P01008	丝氨酸蛋白酶抑制剂，分支 C（抗凝血酶）	464	52.5	6.71
Q5UGI6	丝氨酸酶抑制剂，进化支 G（C1 抑制剂）	333	37.2	8.01
P25774	组织蛋白酶	331	37.4	8.33
Q53HE2	磷酸丙糖异构酶	249	26.6	7.32
P49189	醛脱氢酶	494	53.7	5.87
P06733	烯醇酶	434	47.1	7.38
P07195	乳酸脱氢酶	334	36.6	6.04
P07339	组织蛋白酶 D	412	44.5	6.53
P08311	组织蛋白酶 G	255	28.8	11.19
P25774	组织蛋白酶 S	331	37.4	8.33
P07602	激活蛋白原	524	58.1	5.17
P08311	组织蛋白酶 G 抗体	255	28.8	11.19
P02679	人纤维蛋白原 γ 链抗体	453	51.4	5.61
P61769	β - 微球蛋白	119	13.7	6.52
Q53G71	钙网蛋白	406	46.8	4.44
B3KTV0	热休克蛋白质	621	67.9	5.45
Q2VPJ6	热休克蛋白	585	68.3	5.18
P07602	激活蛋白原	524	58.1	5.17
P55058	磷脂转移蛋白	493	54.7	7.01

续表

Uniprot 登录号		蛋白名称	蛋白质评分	分子质量（kD）
Q53GK6	肌动蛋白	375	41.6	5.47
P06396	凝溶胶蛋白	375	41.6	5.47
Q6PJT4	膜突蛋白	329	38.8	9.34
P07737	前纤维蛋白 1 抗体	140	15.1	8.26

二、乳游离氨基酸组成对比

氨基酸是指含有一个碱性氨基及一个酸性羧基的有机化合物，但通常是指构成蛋白质的结构单位，信使 RNA 分子中的 4 种核苷酸（碱基）的序列能决定构成蛋白质的 20 种氨基酸的种类和排列次序。非编码氨基酸是指遗传基因中无相应的密码，不能编码于蛋白质分子中的氨基酸，即除组成蛋白质的 20 种常见氨基酸以外的含有氨基和羧基的化合物。游离氨基酸是指没有形成聚合状态的单个氨基酸，可以直接被人体吸收和利用。人乳和牛乳中均含有一定量的游离氨基酸，不同来源乳中游离氨基酸的含量有所差异。从婴幼儿消化吸收的角度分析乳中氨基酸被利用的多少，可在一定程度上反映乳的营养价值。同位素标记相对和绝对定量技术（iTRAQ）是近年来最新开发的一种定量研究技术，iTRAQ 试剂可与氨基酸 N 端氨基及赖氨酸侧链 ε-氨基共价连接从而标记肽段。在质谱图中，不同样品中经过 iTRAQ 试剂标记的同一种氨基酸的质荷比相同，而且相比传统的蛋白质组学定量方法，iTRAQ 技术能够实现高通量检测，可同步比较 8 种或 4 种样品，还具有分析范围广泛、定量结果准确、分析时间短、效率高等优点。高效液相色谱－串联质谱法（HPLC-MS/MS）是近年来发展起来的最新技术，在食品检测研究中应用广泛。

利用 iTRAQ 结合 HPLC-MS/MS 对牛初乳和人初乳中 36 种氨基酸进行检测及对比分析，可发现其中必需游离氨基酸、非必需游离氨基酸、非编码氨基酸的种类及含量的差异，为未来婴幼儿配方奶粉的母乳化，研制辅助调理血糖和血脂、增强免疫力的功能性乳制品提供更加精确、全面的指导。结果表明，牛初乳和人初乳中游离氨基酸总量分别为 0.32g/L 和 0.63g/L，游离谷氨酸在人初乳中含量最高，而牛初乳中游离牛磺酸含量最高。

（一）游离必需氨基酸组成对比

如表 3-8 所示，牛初乳和人初乳中均含有 9 种游离必需氨基酸。牛初乳中游离的缬氨酸和异亮氨酸含量较高，异亮氨酸有助于修复肌肉、控制血糖以及给身体组织提供能量。人初乳中游离的苏氨酸和缬氨酸含量较高，苏氨酸和缬氨酸具有提高免疫力的功能。人初乳中组氨酸和赖氨酸含量高于牛初乳，组氨酸可参与外周神经的感觉与信号传递，对婴儿生长发育具有重要作用；赖氨酸可增强机体免疫力，具有促进脂肪分解等功能。牛初乳中缬氨酸含量高于人初乳，缬氨酸具有调节血糖浓度的作用，对糖尿病具有较好的辅助治疗效果。

表 3-8　牛初乳与人初乳中游离必需氨基酸检测结果

必需氨基酸	牛初乳质量浓度（μg/L）	人初乳质量浓度（μg/L）
组氨酸（His）	1285.00 ± 72.96	4980.33 ± 347.86
异亮氨酸（Ile）	18071.33 ± 954.55	1178.33 ± 85.85
亮氨酸（Leu）	3935.00 ± 213.54	4623.33 ± 495.43
赖氨酸（Lys）	2188.33 ± 126.89	2711.33 ± 374.69

续表

必需氨基酸	牛初乳质量浓度（µg/L）	人初乳质量浓度（µg/L）
甲硫氨酸（Met）	813.00 ± 42.00	542.67 ± 75.57
苯丙氨酸（Phe）	1362.67 ± 72.23	3100.33 ± 296.22
苏氨酸（Thr）	1685.33 ± 131.70	9595.67 ± 1241.55
色氨酸（Trp）	607.00 ± 61.00	860.33 ± 100.28
缬氨酸（Val）	55683.00 ± 5568.00	9123.33 ± 1059.21

（二）游离非必需氨基酸组成对比

如表 3-9 所示，牛初乳中含有 8 种游离非必需氨基酸，人初乳中含有 11 种游离非必需氨基酸，牛初乳中未检出天冬酰胺、天冬氨酸和半胱氨酸。牛初乳中丙氨酸的质量浓度最高，其在机体内可辅助葡萄糖代谢，缓解由机体血糖水平较低引起的症状；其次为谷氨酸，谷氨酸对肝、肾、骨骼肌中的多种细胞系具有保护作用，还可参与神经信号传递；同时，精氨酸含量也较高，其对机体的内分泌系统具有重要作用，可促进生长激素、胰岛素的生成和分泌。牛初乳中以上这些游离氨基酸质量浓度较高，可能是牛初乳具有保健功能的原因之一。

人初乳中检出的游离非必需氨基酸较牛初乳中种类多且含量高，这些氨基酸在机体生命活动过程中发挥着十分重要的作用。其中，谷氨酸、天冬氨酸为"兴奋性氨基酸"，可维持中枢神经系统平衡，有助于婴幼儿生长发育。人初乳中谷氨酸含量远高于牛初乳。L-谷氨酸可脱羧形成一种具有传递抑制性神经信号的抑制性神经递质 γ-氨基丁酸，用于改善儿童神经系统发育，而且 L-谷氨酰胺具有抗氧化、调节代谢、减少胃肠源性炎症、提高人体免疫力的功能。

牛初乳和人初乳中脯氨酸的含量相当，L-脯氨酸在生物体内可被转化成 L-羟脯氨酸。L-羟脯氨酸可以稳定胶原蛋白，进而有抗骨质疏松、减少皮肤皱纹并保湿的作用。人初乳中特有的天冬氨酸在体内的合成途径是将谷氨酸通过转氨作用将氨基转给草酰乙酸而获得，并且还是多种氨基酸如赖氨酸、异亮氨酸等以及碱基的前体；L- 天冬酰胺在体内的合成途径是天冬氨酸通过 β- 羟基酰胺化作用转化而来。此外，L-半胱氨酸可以抑制酪氨酸酶，调节黑色素生成。

表 3-9　牛初乳与人初乳中游离非必需氨基酸检测结果

非必需氨基酸	牛初乳质量浓度（μg/L）	人初乳质量浓度（μg/L）
精氨酸（Arg)	1047.00 ± 95.69	1830.33 ± 239.71
甘氨酸（Gly）	1285.00 ± 72.96	7266.33 ± 898.96
丝氨酸（Ser）	215.67 ± 21.78	18658.67 ± 1331.33
酪氨酸（Tyr）	1903.00 ± 53.45	2208.33 ± 139.41
天冬酰胺（Asn）	0	2637.00 ± 223.14
天冬氨酸（Asp）	0	22128.00 ± 1453.66
谷氨酸（Glu）	9518.00 ± 759.26	330451.00 ± 18584.21
谷氨酰胺（Gln）	2907.33 ± 231.89	382095.67 ± 4.85
半胱氨酸（Cys）	0	1927.00 ± 108.39
丙氨酸（Ala）	10433.33 ± 701.00	37176.33 ± 2050.27
脯氨酸（Pro）	6226.26 ± 622.50	6649.67 ± 603.72

（三）游离非编码氨基酸组成对比

由表 3-10 可知，牛初乳中含有 16 种游离非编码氨基酸，比人初乳多一种肌氨酸。牛初乳中牛磺酸、鸟氨酸、β- 氨基异丁酸、乙醇胺、羟基脯氨酸、3- 甲基组氨酸、磷酸乙醇胺和肌氨酸的质量浓度均高于人初乳。牛磺酸在牛初乳及人初乳检测出的非编码氨基酸中质量浓度最高，可促进大脑细胞 DNA、RNA 及蛋白质的合成，对神经系统传导和视觉功能形成具有重要作用，有助于婴儿智力发育，还具有降血糖功能。牛初乳中特有的肌氨酸可以提高人的智力，增长肌肉无氧力量和爆发力。肌氨酸在肌肉中以磷酸肌酸的形式存在，人体在高强度运动时主要靠 ATP 提供能量，但人体内 ATP 储备量很少，需要不断合成，而磷酸肌酸可促进 ATP 的合成。牛初乳中检出的鸟氨酸、乙醇胺、羟基脯氨酸和磷酸乙醇胺含量远高于人初乳。其中鸟氨酸作为尿素循环的一部分与尿素生成相关，氨甲酰磷酸与鸟氨酸化合生成瓜氨酸和磷酸，瓜氨酸再转化为精氨酸，精氨酸再裂解为尿素和鸟氨酸，在代谢中具有重要作用；羟基脯氨酸有助于体内胶原蛋白的重建及弹性蛋白的再生和更新。另外，人初乳中检出的瓜氨酸和 1- 甲基组氨酸含量远高于牛初乳。瓜氨酸能够提高免疫系统功能，维护关节运动和平衡血糖；1- 甲基组氨酸作为鹅肌肽的前体物质，大量存在于肌肉中。

表 3-10　牛初乳与人初乳中游离非编码氨基酸检测结果

非编码氨基酸	牛初乳质量浓度（μg/L）	人初乳质量浓度（μg/L）
γ- 氨基丁酸（GABA）	521.00 ± 52.00	903.00 ± 65.34
牛磺酸（Tau）	93874.67 ± 4336.61	29309.33 ± 801.22
α- 氨基己二酸（Aad）	128.33 ± 15.63	232.00 ± 23.00
瓜氨酸（Cit）	369.00 ± 38.69	3890.33 ± 96.65
鸟氨酸（Orn）	4287.33 ± 239.25	705.33 ± 39.43
α- 氨基正丁酸（Abu）	683.33 ± 54.60	1911.00 ± 86.71
鹅肌肽（Ans）	978.00 ± 98.00	1035.67 ± 103.50
β- 丙氨酸（β-Ala）	1418.00 ± 142.00	1898.67 ± 189.50

非编码氨基酸	牛初乳质量浓度（μg/L）	人初乳质量浓度（μg/L）
β-氨基异丁酸（β-Aib）	146.33 ± 14.51	96.00 ± 10.00
乙醇胺（Etn）	19704.67 ± 1970.50	5022.00 ± 381.35
羟基脯氨酸（Hyp）	5970.00 ± 597.00	1410.00 ± 141.00
1-甲基组氨酸（1-MHis）	521.00 ± 52.00	9023.33 ± 495.91
3-甲基组氨酸（3-MHis）	191.33 ± 22.59	45.00 ± 4.00
磷酸乙醇胺（PEtN）	36943.67 ± 3240.89	9439.67 ± 420.37
磷酸丝氨酸（PSer）	181.00 ± 18.00	1197.33 ± 108.70
肌氨酸（Sar）	58.67 ± 5.51	0

第五节　牛初乳的生理功能

在健康膳食需求下，我们为什么要选择牛初乳？这主要归因于其强大的生理功能。

一、促进生长

牛初乳中的 IGF-Ⅰ、IGF-Ⅱ、NGF、EGF、TGF-α、TGF-β、FGF、促性腺激素-释放激素（GnRH）及其缔合肽（GAP）和生长激素（GH），具有促进组织正常生长和加快伤口愈合的功能。牛初乳中含有一定浓度的 EGF，其是促进皮肤生长有丝分裂的调节剂。另外，牛初乳对提高人体皮肤的防御能力也有积极作用。

牛初乳具有促进肠细胞增殖的生物活性。采用人小肠细胞系作为模型进行研究，结果表明初乳的促生长作用与泌乳的不同时期有关，而这又与不同时期的生长因子浓度不同有关。分别饲喂乳源 IGF-I 和初乳提取物的犊牛在肠形态学、上皮细胞增殖、吸收能力等方面的差异表明，口服 IGF-I 对肠道发育没有明显作用，而饲喂初乳提取物则增加了小肠绒毛的面积。

二、增强免疫力

牛初乳含有多种免疫因子，具有促进和调节免疫功能、光谱抑菌的作用。牛初乳中的 Ig、LF、LP 和 LZ 等具有多种生物活性，其通过多种形式如抑菌、抗菌等发挥抗病毒、中和病毒、促进肠道有益菌增殖等作用。牛初乳在肠上皮细胞中可抑制核因子 κB 介导的致炎因子表达。研究发现，牛初乳通过抑制 NF-κB 途径来防御肠上皮细胞产生炎症，说明牛初乳对肠道内的炎症反应有一定的治疗作用。

牛初乳对人外周血单核细胞有免疫调节作用。有研究表明，牛初乳以剂量依赖性的方式诱导产生 IL-2 可作为一种治疗手段来预防和处理人体的多种细菌传染，包括感冒。1992 年，美国马里兰医科大学教授 Carol 等采用随机双盲式实验研究了牛初乳对人体的影响。结果表明，健康成年人口服牛初乳中提取的免疫球蛋白浓缩物能够有效预防志贺杆菌感染。

胃肠道是人体免疫系统中的重要免疫组织。牛初乳发挥免疫功能的主要部位就是在胃肠道内。Boudry 等给断奶仔猪喂牛初乳后，发现牛初乳对肠道相关的淋巴组织有一定的免疫调节作用。

三、延缓衰老

针对老年人的抗氧化能力下降、免疫能力减弱等情况，研究者对上百位 60 周岁以上的老年人进行口服牛初乳试剂实验，结果表明牛初乳试剂能够提高老年人体内超氧化物歧化酶（SOD）和锰超氧化物歧化酶（Mn-SOD）的活力，从而降低脂过氧化物酶的活力。对果蝇的研究显示，牛初乳粉可以延长雌雄果蝇的半数死亡期和平均寿命，具有延缓衰老等作用。

四、辅助抗感染

临床医学实验证明，牛初乳粉用作食疗保健，每日剂量 0.4 g（含 IgG 32 mg）即可产生良好效果。采用初乳灌肠法研究牛初乳作为营养药对于治疗末梢结肠炎的作用，结果表明此法对于治疗左侧结肠炎比单独使用抗消炎药更有效。牛初乳 LF 可抑制病毒对某些体细胞的感染。口服牛初乳对防治胃肠道感染和食物中毒、抑制人体上呼吸道感染、改善多种病毒或细菌引起的腹泻症状、抵抗食物过敏、增强手术患者的抗感染能力等都有一定的效果。

小鼠在口服牛初乳后，会刺激肠后肠上皮淋巴细胞中的 T 细胞分化来保护机体免受传染病和变应性病的影响，因此有学者认为，长期服用牛初乳可能会通过抑制肠内 Th2 型反应而减少变应性病和阻止传染病感染。

五、调理糖尿病

胰岛素样生长因子（IGF）的结构有 45% 与胰岛素相同，因此具有胰岛素样的作用，可以通过 IGF-1 受体、IGF-1/ 胰岛素受体杂合受体，甚至代替胰岛素受体发挥生理作用。国外已有人将其应用于糖尿病和 X 综合征，特别是出现胰岛素抵抗的患者。短链 IGF-1 是一种普通 IGF-1 的变异体，存在于人脑、人胎盘以及牛初乳中。因其 N 端缺少 3 个氨基酸，使其与 IGF-1 结合蛋白的亲和力显著降低，进入体内后游离形式比例增加，从而使生物利用度明显增加。有研究表明，牛初乳短链 IGF-1 腹腔注射对正常大鼠的血糖没有影响，但对糖尿病大鼠则有明显的降糖作用，且其降糖作用在腹腔注射后第 6 个小时达到高峰，作用持续时间超过 12 小时。

牛初乳中含有 IGF-1 和牛乳铬复合体等。牛乳铬复合体具有促进葡萄糖氧化和葡萄糖转化为脂肪的作用。复旦大学上海医学院对 24 例 1 型糖尿病患者服用牛初乳制剂 3 个月进行观察，发现患者空腹和餐后 2 小时的血浆葡萄糖、糖化血红蛋白、糖化血浆蛋白及 24 小时尿糖等临床指标均明显改善。对 56 例 1 型糖尿病患者进行 1 年的研究观察，进一步证实了牛初乳能提高糖尿病患者的血铬水平，具有温和、缓慢而持久的降血糖作用。

六、美容

牛初乳还具有美容作用，中国人民解放军医院的研究报告显示，"初乳护肤品"对面部痤疮、毛囊炎有较好的缓解效果，还具有明显的皮肤增白及去皱美容效果。据推测，这可能与其含有的大量维生素和氨基酸有关。还有研究表明，烟酸可降低皮肤对紫外线的敏感性，维生素 A 和维生素 C 均可使黑色素生长减少，而氨基酸、β 胡萝卜素、维生素 E 对紫外线有折射作用，可以大大减少黑色素的生成，从而达到增白效果。另外，牛初乳含表皮生长因子、转化生长因子、胰岛素样生长因子等促进新生细胞生长和机体新陈代谢的活性成分，能维持人体生理平衡状态，促进身体排毒。

第六节　牛初乳的安全性评价

人类食用牛初乳已有数千年历史，客观上证明了其安全性和对人体健康的益处。我国科技人员按国家原卫生部《保健食品检验与评价技术规范》（2003 版）要求，对牛初乳及牛初乳粉进行安全性毒理学评价试验，结果证明牛初乳及牛初乳粉对实验动物（小鼠或大鼠）经口急性毒性试验属无毒级，骨髓微核试验、污染物致突变性检测试验（Ames）、精子致畸试验 3 项遗传毒性试验结果均为阴性，30 天喂养亚慢性毒性试验亦未见动物有毒性反应；实验动物生长发育正常，血液学、血液生化、主要脏器重量、脏器系数均在正常值范围；组织病理学检查也未见异常。

第四章
牛初乳多肽的营养与功能

第一节　牛初乳多肽的制备

牛初乳色黄，黏稠度大，酸度高，耐热性差，加热易形成凝块，往往不能用于一般的乳制品加工，因此对于牛初乳多肽的生产加工是非常必要的。牛初乳 4 天内的多肽水平如图 4-1 所示。

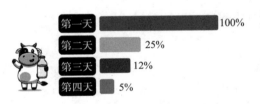

第一天	100%
第二天	25%
第三天	12%
第四天	5%

图 4-1　牛初乳 4 天内的多肽水平

丰富的来源、多样的生理功效、高附加值和食用安全性等优点，使乳源活性肽成为新一代功能性食品研究的热点。牛乳本身存在一定量的生物活性肽，特别是牛初乳中天然的功能因子极为丰富，这些活性成分一般为蛋白质或多肽。而乳源活性小肽多产生于加工过程，如机械剪切、发酵、乳蛋白化学酶解等。由于酶法生产多肽科技含量、产品营养价值、安全度高，利用价值高，生物活性强，并且生物学功能多种多样，所以牛初乳多肽的生产一般采用酶法进行（见图 4-2）。

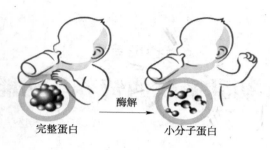

完整蛋白　　　酶解→　　　小分子蛋白

图 4-2　酶法

一、工艺流程

初乳验收→净乳→脱脂→灭菌→调酸调温（pH=8.0，50℃）→蛋白酶解（3 h）→灭酶→浓缩→干燥→粉碎→成品。

二、操作要点

1. 初乳验收

乳业界通常把母牛分娩后 7 天内分泌的乳汁称为牛初乳，但根据中国乳制品工业协会颁布的《RHB601—2005 生鲜牛初乳》标准，确切地说牛初乳是指从正常饲养的、无传染病和乳房炎的健康母牛分娩后 72 小时内所挤出的乳汁。因此，牛初乳应符合该标准需达到的感官要求、理化要求、卫生要求、参假检验等。

在验收过程中，感官、密度、酸度、脂肪等指标，以及卫生指标、蛋白质、免疫球蛋白（IgG）和非牛乳成分都应合格，各指标如有一项不合格，则可认为该批生鲜牛初乳不合格。牛初乳从挤出至贮存不应超过 30 分钟，乳温先速降至 10℃ 以下，再采用速冻方法贮存（-18℃）。

2. 净乳

将合格的牛初乳采用 120 目筛网过滤。

3. 脱脂

将过滤的牛初乳用离心机以 4000 r/min 的速度离心，脱除牛初乳脂肪。

4. 灭菌

将胰蛋白酶水解后所得酶解液置于密闭的超高压无菌容器的水中，在 400 ～ 600 MPa 的压力下作用 10 ～ 30 min 灭菌。采用超高压技术灭菌可使牛初乳中的活性蛋白及小分子多肽蛋白不发生变化，具有温度变化小、只作用于非共价键、瞬间压缩、作用均匀等优点，能够很好地保持牛初乳中天然的色、香、味、质构和营养等品质。

5. 调酸调温

添加醋酸调节脱脂奶液的 pH 为 8.0，并将脱脂奶加热到 50℃，以达到酶的最佳水解条件。醋酸较温和，对天然活性蛋白质的影响较小，具有时间短、成本低、能耗低、污染少、不使用有毒溶剂、无污染物排放、达到清洁生产、易于工业化生产等优点。

6. 蛋白酶解

研究表明，胰蛋白酶相比木瓜蛋白酶和胃蛋白酶水解时，胰蛋白酶 3 h 后多肽质量分数的增加趋于平稳，而胃蛋白酶和木瓜蛋白酶都是 4 h 后多肽的质量分数增加趋于平稳，能更快地达到水解平衡状态。同时，胰蛋白酶的水解效果最好，在 3 h 时酶作用比较充分。从能耗和成本方面考虑，可选用胰蛋白酶作为水解酶，水解时间以 3 h 为宜。

7. 灭酶

将胰蛋白酶酶解液升温至 85 ～ 90℃，维持 5 min，灭酶完成，得到灭酶水解液。

8. 浓缩

将灭酶酶解液搅拌、离心过滤，再用膜法浓缩处理，得到过滤浓缩的牛初乳蛋白多肽溶液。

9. 干燥

将过滤浓缩的初乳蛋白多肽溶液置于微波低温真空干燥装置干燥，即得到牛初乳蛋白多肽。最后将牛初乳蛋白多肽进行粉碎得到成品。

在酶解制备乳源活性肽时，需要选用专一性较强，并且不会随水解度的提高而出现苦味的酶，如可以选复合酶代替单一酶的水解来防止实验中苦肽的形成。针对不同的底物选择不同的复合酶可以获得不同特点的氨基酸肽链。另外，水解度也是影响产品质量的重要因素，因而在酶解的过程中，必须不断加入碱溶液，使 pH 值维持在保证酶的最大生物活性的数值。由于生成的肽或游离氨基酸等电点偏酸性，随着肽的增多，pH 值也会下降，所以会影响水解的程度。

在酶法制备中，常用的蛋白酶主要有胰蛋白酶、中性蛋白酶、碱性蛋白酶、胃蛋白酶、风味蛋白酶、复合蛋白酶和木瓜蛋白酶等。酶法反应条件温和、无异味、安全、催化位置有方向性，但反应副产物多、产率低。微生物发酵法是利用瑞士乳杆菌、保加利亚乳杆菌及鼠李糖乳杆菌 GG 株等微生物，在有氧或无氧条件下的生命活动来生产不同氨基酸序列和分子量的肽，这些肽类可以是微生物菌体本身，也可以是直接代谢产物或次级代谢产物。由于微生物种类多、繁殖快、培养简单，所以微生物发酵法制备成本低、产率高，但存在菌种不稳定、易产生变异、产物不稳定等缺点。

此外，乳蛋白在体内胃肠消化的过程中可通过消化酶分解出一系列生物活性肽，如乳清蛋白经肠道内的胰蛋白酶消化可产生具有 ACE 抑制活性的乳激肽 Ala-Leu-Pro-Met-His-Ile-Arg（ALPMHIR）。而酪蛋白酶解产物比乳清蛋白酶解产物具有更高的 ACE 抑制活性。常见的酶解乳清蛋白概况如表 4-1 所示。

除酶法外，牛初乳中的乳蛋白也可以通过发酵法形成多肽。部分微生物可以将乳蛋白水解成肽和氨基酸，作为其生长所需的氮源，水解释放的肽可以通过超滤或分子筛分离纯化，生物活性肽的氨基酸序列可以通过色谱法鉴定。许多乳制品发酵剂都可以高度水解乳蛋白，因此在发酵乳制品的生产过程中可以预期形成生物活性肽。通过微生物水解牛乳蛋白，可以释放出不同的生物活性肽。瑞士乳杆菌菌株能够释放抗高血压肽，如 ACE 抑制性三肽 Leu-Pro-Pro（LPP）、Val-Pro-Pro（VPP）和 Ile-Pro-Pro（IPP），这些肽的抗高血压能力已在一些大鼠模型和人体研究中得到证实。用粪肠球菌发酵牛乳可产生抗高血压的酪蛋白衍生肽 LHLPLP 和 HLPLP。酸乳中的细菌、干酪发酵剂和市售益生菌也被证明在发酵过程中会在牛乳中产生不同的生物活性肽。

表 4-1　酶解乳清蛋白概况

蛋白酶种类	水解条件	生物活性
胰蛋白酶	pH8.0，37℃，3h，酶：底物 =1：20，[底物]=5%	降血压
胃蛋白酶	pH2.0，37℃，5h，酶：底物 =0.1%，[底物]=1.25%	舒张血管
木瓜蛋白酶和菠萝蛋白酶	pH7.0，50℃（菠萝蛋白酶），60℃（木瓜蛋白酶），3h，酶：底物 =1：20	抗氧化；ACE 抑制剂

蛋白酶种类	水解条件	生物活性
瑞士乳杆菌粗酶液	pH9.18，38.9℃，8h，酶：底物 =0.6，[底物] =8%	ACE 抑制剂
碱性蛋白酶，中性蛋白酶，风味蛋白酶和胰蛋白酶 PP	pH7.0，50℃，4h，酶：底物 =0.3%，[底物] =10%	抗氧化
风味蛋白酶和复合蛋白酶	pH7.0，49℃，7h，酶：底物 =1：25，[底物] =5%	钙螯合

此外，有报道将乳酸菌发酵和蛋白酶水解两种方法相结合，通过菌酶协同的发酵方式，研究对多肽产量的影响。酪蛋白和乳清蛋白浓缩物是生产水解物的主要底物。由于免疫球蛋白、乳清蛋白和天然抗氧化剂含量增加，牛初乳也可能是生物活性水解物的潜在来源。通过应用各种蛋白水解酶和益生菌，可以生产出具有特定多肽和蛋白质图谱以及特定生物活性特性的水解和发酵乳蛋白。

有研究表明，抗诱变效果和抗氧化活性水平与牛初乳蛋白质水解深度和蛋白质组成有关。丝氨酸蛋白酶水解初乳和水解液超滤后，其清除自由基的活性分别提高了 5.5 倍和 16.0 倍，而中性酶裂解的初乳则分别提高了 1.7 倍和 6.1 倍（相对于蛋白质含量）。同时，水解乳清蛋白的抗氧化能力提高了 2.8 倍。同样，发酵初乳的抗氧化能力是天然底物的1.8 倍。蛋白水解度的提高促进了多肽组分的抗自由基作用。因此，发酵、内肽酶水解和随后的超滤产生的蛋白质衍生成分的抗氧化活性水平不同。

采用微生物法和酶法水解不同乳蛋白可制备大量乳源抗氧化肽，结果如表 4-2 所示。

表 4-2　乳源性抗氧化肽的制备方法及其序列

蛋白来源	制备方法	抗氧化肽序列
牛乳乳清蛋白	酶法（胃蛋白酶、胰蛋白酶、碱性蛋白酶、木瓜蛋白酶等）	SAP、RLSFN、YS、VAGT、KPTPE、ALPMHI、LPMHI、VRTPEV、LPMHI、VEELKP、EALEKFDKA、AJLW、GTSV、VF、YSL、LAHL、LF、WYSL、HIR 等
牛乳酪蛋白	酶法（胃蛋白酶、碱性蛋白酶和胰蛋白酶）	YFYPEL、RELEE、MEDNKQ、TVA、EQL、VKEAMAPK、AVPYPQR、VLPVPQK
水牛乳蛋白	酶法（胰蛋白酶、碱性蛋白酶、胃蛋白酶）	RELEE、MEDNKQ、TVA、EQL、YPSG、HPFA、KFQ
牦牛乳酪蛋白	酶法（碱性蛋白酶）	YQGPIVLNPWDQVK
骆驼乳蛋白	酶法（胃蛋白酶和胰蛋白酶）	LEEQQQTEDEQQDQL、YLEELHRLNAGY、RGLHPVPQ
骆驼乳酪蛋白	酶法（胃蛋白酶）	FIPYPNY、RPKYPLRY、TLTDLENLHL、FFQLGDYVA、QIPQCQALPNIDPPTVE、MDQGSSSEESINVSQQKF 等 14 种
骆驼乳乳清蛋白	酶法（胃蛋白酶）	ATTLEGKLVEL、KADAVTLDGGL、KCLQDGAGDVAFVKDSTVF、KADAVTLDGGL 等 8 种
羊乳乳清蛋白	酶法（中性蛋白酶）	IHALPLP、IHDIPLP、TPVVVPP、LGPVRGPFP、EMPFPYP、EPQNLIKKHGEYGF 等
羊乳酪蛋白	酶法（中性蛋白酶和碱性蛋白酶相结合、木瓜蛋白酶）	VYPF、FPYCAP、FGGMAH、YPPYETY、YVPEPF、NENLL、NPWDQVK、LQDKIHPF、LHSMKEGNPAHQKOE 等
人乳	酶法（胃蛋白酶和胰蛋白酶）	HNPI、VPVQA、VPYPQ、LLNPTHQ、PLAQPA、YGYTGE、ISELGW 等 20 种
马乳乳清蛋白	酶法（胰蛋白酶）	VAPFPQPVVPYPQR
脱脂牛乳	发酵法（鼠李糖乳杆菌 C6）	NLHLPLPLLQS、VVVPPFLQPEV、LHLPLPLLQS、ENLHLPLPLL 等
新鲜酸奶（牛乳）	—	Y.、QQQTED、NSKKTVD、F.、YP 等
牛乳酪蛋白	发酵法（长双歧杆菌）	VLSLSQSKVLPVPQK、QA、VLSLSQSKVLPVPQKAVPQRDMPI

续表

蛋白来源	制备方法	抗氧化肽序列
水牛酸乳	发酵法（嗜酸乳杆菌和乳杆菌联合酸奶发酵剂）	LQDKIHP、LVYPFPGPIPKSLPQN、VYPFPGPIPK、LYQEPVLGPVRGP、LVYPFPGPIPK 等 11 种
脱脂牛奶	发酵法（乳酸菌）	ARHPHLSFM
羊乳	发酵法（巴西 kefir、德氏乳杆菌发酵）	QEPVLGPVRGPFP、YQEPVLGPVRGPFP、YQEPVLGPVRGPFP、YQEPVLGPVRGPFP、YQEPVLGPVRGPFPHV、YFYPQL

第二节　牛初乳多肽的生物活性

乳源性生物活性肽衍生自各种乳蛋白，并与乳蛋白肽链的某些片段序列相同或相似，在乳蛋白中，或在其降解过程中得到具有不同生物活性功能的肽类。近年来，由于乳源生物活性肽具有来源广泛、生物活性强、安全易制备等优势，因此成为乳品领域的研究热点。研究者们利用不同的提取技术和方法，不断从乳蛋白中发现新的生物活性肽。随着蛋白质组学技术的飞速发展，基于生物质谱的蛋白质组学技术也逐渐应用于乳源生物活性肽的研究中，使得乳源生物活性肽的研究更加深入。

牛初乳因蛋白质含量较高，被视为潜在生物活性肽的良好来源。近年来，已知的乳源生物活性肽主要由酪蛋白（包括 α_{s1}- 酪蛋白、α_{s2}- 酪蛋白、β- 酪蛋白和 κ- 酪蛋白）和乳清蛋白（主要包括 α- 乳白蛋白和 β- 乳球蛋白）水解产生。目前，人们研究较多的乳源性生物活性肽主要有阿片肽、抗菌肽、抗高血压肽、抗血栓肽、免疫调节肽、酪蛋白磷酸肽和富脯氨酸多肽等。常见的乳源生物活性肽如表 4-3 所示。

表 4-3 常见的乳源生物活性肽

生物活性肽	蛋白质前体	生物活性
酪啡肽	α-酪蛋白、β-酪蛋白	阿片类激动剂
α-内啡肽	α-乳白蛋白	阿片类激动剂
β-内啡肽	β-乳球蛋白	阿片类激动剂
乳铁蛋白肽	乳铁蛋白	阿片拮抗剂
酪新素	κ-酪蛋白	阿片拮抗剂
酪激肽	α-酪蛋白、β-酪蛋白	ACE 抑制剂
乳激肽	α-乳白蛋白、β-乳球蛋白、血清白蛋白	ACE 抑制剂
免疫活性肽	α-酪蛋白、β-酪蛋白	免疫调节
乳铁蛋白肽	乳铁蛋白	抗菌
抗菌肽	$α_{s2}$-酪蛋白	抗菌
抗菌肽	$α_{s1}$-酪蛋白	抗菌
抗血栓肽	κ-酪蛋白	抗血栓
磷酸肽	α-酪蛋白、β-酪蛋白	结合矿物质

　　虽然很多研究已经证实乳蛋白及其水解物可以用于保健食品的开发，但可供实际应用的产品仍然非常有限，因此进一步开发乳蛋白为基础的功能性食品仍具有很大的发展前景。分离提取技术的单一和乳蛋白及其水解肽高昂的生产成本可能是限制乳蛋白发展应用的主要原因。随着研究的深入及乳蛋白分离提取工艺的成熟，乳蛋白及其水解物的生物活性将会被充分开发与利用，其产品在国内市场也会有广阔空间。因此，在乳清蛋白和酪蛋白已有的分离分析技术上，继续扩大检测技术的应用、缩短检测时间、拓展开发新型功能蛋白、重视其多肽产品开发以及继续深入开展其促进人类健康的机制研究，均是未来研究和产业发展的方向。

第三节　酪蛋白与酪蛋白多肽

一、酪蛋白分子的营养与组成

酪蛋白是乳中含量最多的一大类蛋白的总称，在牛乳、绵羊乳、山羊乳和水牛乳中，约 80% 的乳蛋白是酪蛋白。常乳中酪蛋白与乳清蛋白的比例为 4∶1，而初乳中二者的比例为 1∶2。酪蛋白为白色、无味的两性分子，由于序列中极性和非极性残基的不对称分布形成了酪蛋白分子的亲水性和疏水性区域，使酪蛋白具有良好的乳化能力和发泡性。酪蛋白具有必需氨基酸含量丰富、脯氨酸含量高、α- 螺旋和 β- 折叠含量低的特点，因而容易被蛋白酶水解，产生多种生物活性多肽。

根据对游离态钙离子的敏感程度，酪蛋白可分为 α_{s1}- 酪蛋白、α_{s2}- 酪蛋白、β- 酪蛋白和 κ- 酪蛋白。酪蛋白在牛乳中不是单独存在的，而是由 α- 酪蛋白、β- 酪蛋白、和 κ- 酪蛋白组成的磷酸钙结合蛋白，呈胶束状分布，形成复合胶体溶液，大致为球形。根据佩恩斯设想，胶束内部由 β- 酪蛋白构成网状结构，α- 酪蛋白附着其中，另有 κ- 酪蛋白结合磷酸钙附着胶体外，并且每一个酪蛋白胶束所含的 α- 酪蛋白、β- 酪蛋白和 κ- 酪蛋白数量不同。

牛乳中，当不同蛋白酶（不同切割位点）作用于不同类型的酪蛋白（不同水解方式）会产生多条不同氨基酸序列的肽段，肽的功能活性与肽的一级结构（肽链长短、氨基酸序列和组成、二硫键位置和数目）密切相关，因此酪蛋白降解产生的生物活性肽具有丰富的种类和功能，尤其在促进人体健康、维持生理功能等方面具有重要作用。α- 酪蛋白是哺乳动物的主要蛋白，人乳中没有α- 酪蛋白，以β- 酪蛋白为主要形式。

酪蛋白在特异性内切酶（如胰蛋白酶、胃蛋白酶等）及类似生理环境的条件下，生物活性序列能够释放，得到具有生物活性的酪蛋白生物活性肽，酶解酪蛋白后所释放的活性肽包括抑制血管紧张素转换酶 I 活性的酪蛋白肽（即 ACE 活性抑制肽）、免疫调节活性肽、促进钙吸收的酪蛋白磷酸肽、促进乳酸球菌生长的肽类、抗血栓肽等。胰蛋白酶在适当的条件下水解牛乳中的酪蛋白可获得一种具有抗菌作用的免疫活性肽，因其含有比较多的酪氨酸，故命名为富含酪氨酸、具抗菌作用的免疫活性肽。富含酪氨酸多肽不仅对金黄色葡萄球菌等病原菌具有较强的抗菌性，而且还具有免疫刺激作用。

同时，酪蛋白在促进新生儿的骨骼发育、矿物质元素吸收等方面具有重要的营养价值。据报道，酪蛋白及其酶解产物对高浓度葡萄糖诱导的 HepG2 细胞胰岛素抵抗具有改善特性，对肝细胞 HHL-5 没有明显毒性而有促进增殖的特性。此外，酪蛋白在糖尿病预防和治疗方面的应用比较多，对禽流感病毒和牛疱疹病毒也有一定的抑制作用。

α_{s1}- 酪蛋白含量约占牛乳蛋白总量的 38%，分子量为 23600 u，由 199 个氨基酸残基和 8 个磷酸基团组成，能够为动物体的生长发育提供活性肽、必需氨基酸等营养物质，经酶水解可产生酪蛋白磷酸肽（CPP）。据报道，CPP 不仅可以增强动物的免疫力和繁殖能力，还可以与小肠中的二价离子如钙、铁、锌、硒离子等结合，增加离子的可溶性，促进钙、铁、锌和硒的吸收和利用。α_{s1}- 酪蛋白可被消化酶水解而产生多种活性肽，调节乳腺上皮细胞等多种细胞的生理状态及功能，其中 23 ～ 34 氨基酸片段可抑制血管紧张素转化酶（ACE）的活性，从而有助于降低血压和维持身体健康。α_{s1}- 酪蛋白的 90 ～ 96 氨基酸片段具有吗啡肽和阿片肽的作用，可调节中枢神经系统和周围神经系统的其他功能。

β-酪蛋白含量约占牛乳蛋白总量的 35%，分子量为 24000 u，由 209 个氨基酸组成，包含 5 个磷酸基团。β-酪蛋白具有高度疏水性，可与磷酸钙形成稳定的微胶粒，从而提高牛乳中的钙、磷含量。与 α_s-酪蛋白相似，β-酪蛋白的 15～30 氨基酸片段可促进钙吸收，60～66 氨基酸片段具有阿片肽活性，177～185 氨基酸片段具有 ACE 抑制能力和增强胰高血糖素的能力。Nagaoka 等利用胰蛋白酶酶解牛乳 β-乳球蛋白，从酶解液中分离出的一种 5 肽（Ile-Ile-Ala-Glu-Lys），通过动物实验证明，与 β-谷甾醇（一种降胆固醇药物）相比，该肽可以显著降低小鼠血清胆固醇水平。

κ-酪蛋白含量约占牛乳蛋白总量的 12%，分子量为 19000 u，由 169 个氨基酸残基组成，具有一个磷酸基团和两个 SH 键。与其他酪蛋白最不同是，κ-酪蛋白是一种糖蛋白，含六碳糖、岩藻糖和唾液酸等，并且其糖基化程度很高。κ-酪蛋白很容易被凝乳酶水解，主要断裂位点在 105 位苯丙氨和 106 位的蛋氨酸，使 κ-酪蛋白的负电荷消失，从而导致酶凝乳凝胶形成。κ-酪蛋白的 1～105 片段可促进人杂交瘤细胞（HB4C5）中免疫球蛋白的产生，106～169 片段为长糖肽链，包含多个糖链，不同的糖链会产生不同的抑制活性肽，在脂多糖（LPS）存在的情况下可部分抑制小鼠 B 淋巴细胞的分化和增殖。

α_{s2}-酪蛋白含量占牛乳蛋白总量的 8%～11%，分子量为 25150u，由 207 个氨基酸组成，包括 10～13 个磷酸盐基团和两个巯基（SH）键，在酪蛋白中磷酸化程度最高。由于蛋白磷酸化程度与矿物螯合亲和力有直接关系，所以 α_{s2}-酪蛋白相比于其他酪蛋白组分，有更高的矿物质螯合能力。

人体摄入牛乳酪蛋白，首先经口腔，口腔中津液淀粉酶、黏多糖、黏蛋白和溶菌酶不会造成酪蛋白结构性质的改变，酪蛋白在口腔中保持了蛋白质的完整结构。通过口腔进入食管后，食管作为连接口腔和胃的通道，靠近口腔部分的唾液会遗留在食管中，而食管和胃有贲门相隔，正常情况下胃液不能进入食管，酪蛋白在唾液的运输下通过贲门进入胃液中，在酸性条件下胃蛋白酶对酪蛋白进行酶解。经胃蛋白酶酶解后的酪蛋白到达十二指肠中，由肠液在中性偏碱环境下对酪蛋白进行再次酶解，经过两次酶解后的产物中含有未能彻底水解的酪蛋白大分子、生物活性肽和小分子氨基酸，最终进入小肠吸收。

二、酪蛋白多肽及其生理活性

酪蛋白经蛋白酶酶解后的水解产物，也会产生不同体积分子量的肽，主要包括表面活性肽、营养性肽和生理活性肽。表面活性肽一般是指蛋白质失去二级结构后形成的肽，而经过蛋白酶更彻底水解后，可水解为营养性肽，其一部分是分子量低于8个氨基酸的短肽，另一部分则水解得更彻底，变成2个或3个氨基酸相连的肽链，称为寡肽。这些没有被水解成游离氨基酸的短肽和寡肽，更容易穿透肠壁被人体吸收，也会被当作氮源添加到膳食食品原料配方中。常见的生理活性肽如免疫活性肽、肾素肽、抗氧化肽、酪蛋白磷酸肽等，都带有较高密度的负电荷，可以抵抗进一步的酶解，也可以与不同金属离子结合，达到不一样的效果。

1. 酪蛋白磷酸肽

酪蛋白磷酸肽（caseino phosphopeptide，CPP）是 α_{s1}- 酪蛋白、α_{s2}- 酪蛋白和 β- 酪蛋白被胰蛋白酶水解后产生的含有成簇丝氨酸单酯形式的磷酸盐残留物。大多数 CPP 含有 3 个丝氨酸磷酸酯簇和 2 个谷氨酸残基，从而形成可溶性有机磷盐，可作为不同矿物质的载体，尤其是钙元素的良好载体。这些组分表现出不同程度的磷酸化，磷酸化程度与矿物螯合能力之间的直接关系为 α_{s2}- 酪蛋白 $>\alpha_{s1}$- 酪蛋白 $>\beta$- 酪蛋白 $>\kappa$- 酪蛋白，但它们的磷酸丝氨酸簇分布并不均匀。这进一步证明与磷酸化结合位点相关的特定氨基酸组成也会影响钙离子结合的程度。根据研究表明，在动物体内稳定存在的 CPP 有 α_{s1}（43 ～ 58）:2P、α_{s1}（59 ～ 79）:5P、α_{s2}（46 ～ 70）：4P、β（1 ～ 28）：4P、β（33 ～ 48）：1P。这些 CPP 通过利用胰蛋白酶和胃蛋白酶的水解均可分离得到，具有促进钙、铁、锌等金属离子吸收的功能。幼儿和老年人每天食用 400mg CPP、成年人每天食用 350mg CPP 就能基本满足补钙的需求。CPP 在肠道内对酶的水解具有一定的抵抗力，这最常见于与磷酸钙的复合物中。CPP 还可通过抑制牙釉质的钙化来抑制龋齿，因而已在牙科疾病的治疗方面得到应用。另外，CPP 已经被我国批准作为营养强化剂在部分食品中使用。随着健康食品零食化，普通食品功能化的风潮强劲，CPP 可以结合到功能性酸奶产品的开发中，这样可以确保酸奶中的钙离子在肠道中不被磷酸及草酸"挟持"而沉淀，完成人体对钙离子吸收的最后一公里（见图 4-3）。

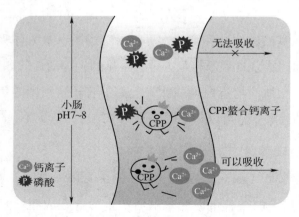

图 4-3　CPP 螯合钙离子

2. 阿片样肽

β- 酪蛋白经胰蛋白酶水解可分离得到含有 5 个和 7 个氨基酸残基的阿片样肽（Tyr-Pro-Phe-Pro-Gly、Tyr-Pro-Phe-Pro-Gly-Pro-He），其中以 5 个氨基酸组成的肽的活性最强。由于其具有外源性和吗啡特性，所以被称为 β- 酪啡肽。同时，阿片样肽也可以从牛 α_{s1}- 酪蛋白的胃蛋白酶水解物中获得。目前已经合成了多种衍生物，其中 Y-P-F-V-NH$_2$ 和 Y-P-F（D）-V-NH$_2$ 对阿片样肽受体表现出很高的亲和力。另外，从 α- 酪蛋白、β- 乳球蛋白、α- 乳清蛋白中分离出 4 ～ 7 个氨基酸组成的阿片样肽。这些肽序中 Tyr-X-Phe、Tyr-X-X-Phe 或 Tyr 是阿片样肽活性所必需的。据研究表明，阿片样肽具有镇痛，调节人体情绪、呼吸、脉搏、体温、消化系统及分泌等作用。在婴儿奶粉中，加入该肽有减少婴儿的啼哭、增加睡眠的功效。

3. 酪蛋白糖巨肽

酪蛋白糖巨肽（glycomacropeptide，GMP）是一种具有 64 个氨基酸残基的糖肽，富含缬氨酸、亮氨酸等支链氨基酸，但几乎不含苯丙氨酸、酪氨酸和色氨酸等芳香族氨基酸，其主要糖基为唾液酸。正因为 GMP 独特的氨基酸构成，使其酶解产物在结构与功能活性方面可能不同于其他蛋白酶解产物。近年来，科研工作者开始关注 GMP 酶解产物，发现其具有益生、抗炎等功能活性，如 GMP 酶解产物可促进保加利亚乳杆菌和嗜热链球菌的生长，通过阻断 NF-κb 信号通路抑制脂多糖（LPS）诱导的巨噬细胞中一氧化氮（nitric oxide，NO）的产生和炎症因子 mRNA 的表达，从而发挥抗炎作用。

4. 酪蛋白酸肽

酪蛋白酸肽（casecidin）是首先被纯化得到的牛乳防御肽之一，通过凝乳酶在中性 pH 条件下消化酪蛋白而制得，其在体外对葡萄球菌、八叠球菌、枯草芽孢杆菌、肺炎双球菌和化脓性链球菌具有抑菌活性。Casocidin-I 是一种阳离子 α_{s2}- 酪蛋白衍生肽，可抑制大肠埃希菌和葡萄球菌的生长。

5. 免疫多肽

利用胰蛋白酶和胰凝乳蛋白酶水解牛乳酪蛋白可分离出具有免疫活性的免疫肽即 3 肽 Leu-Leu-Tyr（β- 酪蛋白 191 ～ 193 残基）和 6 肽 Thr-The-Met-Pro-Leu-Tyr（α_{s1}- 酪蛋白的 C 末端）。该活性肽的主要功能是激活 B 淋巴细胞和 T 淋巴细胞，增强其吞噬能力，从而产生人体对细菌和病毒的直接抗性。当体内 3 肽含量达到 0.1 μm、6 肽含量达到 0.05μm 时，就会有明显活性。

6. 抗血压升高肽

抗血压升高肽是一种血管紧张素转换酶抑制剂（angion converting enzyme inhibitors，ACEI）。牛乳酪蛋白通过酶解可得到 4 种 ACEI 肽，分别位于 α_{s1}- 酪蛋白的 23 ～ 34、23 ～ 27、194 ～ 199 与 β- 酪蛋白的 173 ～ 183 残基间。该肽是通过抑制能使血压升高的酶——血管紧张素转换酶的活性，从而起到防止血压升高的作用。通过对老鼠的降压实验发现，经纯化后，从 β- 酪蛋白中分离纯化的 Lys-Val-Leu-Pro-Val-Pro 具有最强的抗血压升高活性，口服 2 mg/kg 在 2 ～ 19 h 内有较强的降压活性，6 h 降压达到最大值（-31.5±5.6 mmHg）

7. 其他活性肽

从牛乳酪蛋白中除可酶解分离得到以上活性肽外，还可以利用胃蛋白酶 - 凝乳蛋白酶酶解分离出酪新素 -C（casoxinC）和酪新素 -D（casoxinD），二者均为抗鸦片样兴奋剂；用胃蛋白酶水解乳转铁蛋白可分离出乳转铁新素（lactofeeroxin），其具有抗鸦片样兴奋的作用；用脯氨酸内肽酶水解 $α_{s1}$-酪蛋白可得到具有抗血压升高活性的 $α_{s1}$-酪激肽-5（$α_{s1}$-casokinin-5）等。

第四节　乳清蛋白与乳清蛋白多肽

一、乳清蛋白的概述及组成

乳清蛋白是脱脂乳去除酪蛋白沉淀后的上清液中多种蛋白质组分的统称，占牛乳中总蛋白质含量的 20%，由 β-乳球蛋白（50%）、α-乳白蛋白（20%）、血清白蛋白（10%）、乳铁蛋白 4 种主要蛋白质和其他蛋白质（免疫球蛋白，主要为 IgG1、IgG2，IgA 和 IgM 含量较少）组成（见图 4-4）。

乳清蛋白相比于其他动物蛋白和植物蛋白有诸多优点，如容易消化且有很高的代谢效率，在体内具有很高的生物利用效价；支链氨基酸（如亮氨酸、异亮氨酸、缬氨酸）的含量非常高，尤其可以作为耐力型运动持续能量的供给来源；蛋白质含有的含 S 氨基酸在体内具有抗氧化剂的作用；富含的赖氨酸和精氨酸能刺激肌肉生长、降低脂肪含量等。此外，乳清蛋白还具有增强免疫力和增加钙质吸收的作用。乳清蛋白对人体的积极作用还体现在调理心血管病和糖尿病、补充婴儿营养、抗衰老、提高免疫能力、改善体质等诸多方面，具备了有益于人体的多种保健功能，应用前景十分广泛。

α-乳白蛋白是乳清中分子量最小的乳蛋白，约占乳清蛋白的 20%，分子量约为 14.2ku，由 123 个氨基酸组成，包含 8 个半胱氨酸、4 个二硫键。该蛋白由泌乳期的乳腺上皮细胞产生，是乳清蛋白产品中的重要过敏原，经巴氏灭菌后大部分的 α- 乳白蛋白可以完整存活。α- 乳白蛋白富含色氨酸，其在婴幼儿的生长发育过程中起重要作用，可以提升婴幼儿的睡眠质量、改善情绪以及提高食欲。同时，α- 乳白蛋白更容易被婴幼儿的胃肠道吸收，蛋白质被消化降解产生的抗菌肽可以参与调节肠道菌群平衡。α- 乳白蛋白是人乳中含量最多的功能蛋白。据报道，来自牛源与人源中的 α- 乳白蛋白有 74% 的氨基酸相同，在功能和结构上二者较为相近。

β- 乳球蛋白含量约占乳清蛋白的 60%，分子量为 18.4ku，由 162 个氨基酸组成，包含两个二硫键和 1 个 SH 键。该蛋白由乳腺上皮细胞合成，是牛乳中的主要过敏蛋白，而在人乳中未发现 β- 乳球蛋白。β- 乳球蛋白具有增强免疫力和其他生物活性的作用。β- 乳球蛋白能结合各种矿物质、脂溶性维生素、磷脂和脂肪酸，从而增强其在体内的吸收，故可广泛应用于低脂、无脂和脂溶性维生素营养保健食品中。此外，β- 乳球蛋白还具有抗氧化功能，可通过抑制细胞衰老而促进成肌细胞的分化和成熟，减轻氧化应激引起的衰老相关损伤。

血清白蛋白（BSA）质量分数约占乳清蛋白的 10%，分子量为 68ku，存在于血液中，由 581 个氨基酸组成，包含 35 个半胱氨酸、17 个二硫键。BSA 具有与脂肪酸和其他小分子结合的疏水性分子结构，与 β- 乳球蛋白的功能类似。

免疫球蛋白含量约占乳清蛋白的 10%，是具有抗体（Ab）活性或化学结构与抗体分子相似的球蛋白，具有抗氧化、提高免疫力的作用。

乳铁蛋白是乳清蛋白中的一种重要的非血红素铁结合糖蛋白，分子量为 80 ku，在牛初乳中质量浓度较高，为 1 ～ 2 mg/ml，在牛常乳质量浓度为 0.02 ～ 0.35 mg/ml，这种高浓度的蛋白表达对新生动物的天然免疫具有重要作用。乳铁蛋白不仅参与铁的转运，而且具有广谱抗菌、抗氧化、抗癌、调节免疫系统等生物功能，在强化机体铁吸收、对抗病原体、调节免疫及抗氧化等方面发挥着重要作用。同时，乳铁蛋白对动物细胞几乎没有毒性，不含稀有氨基酸和外源化学成分，被认为是一种新型抗菌、抗癌药物和极具开发潜力的食品和饲料添加剂。

　　过氧化物酶是牛奶中最丰富的酶，也是乳清蛋白中的主要抗菌成分。

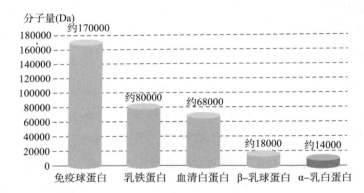

图 4-4　乳清蛋白中的 5 种蛋白分子量大小对比

二、牛初乳与牛常乳乳清蛋白对比

　　分离牛初乳与牛常乳中的乳清蛋白，在牛初乳乳清蛋白中鉴定出 290 种蛋白，在牛常乳乳清蛋白中鉴定出 325 种蛋白，其中相同的蛋白有 199 种，说明牛初乳和牛常乳乳清蛋白中的蛋白组成存在一定差异，并且牛常乳乳清蛋白中存在的蛋白质种类较多。利用 iTRAQ 蛋白质组学先进技术对牛初乳、牛常乳乳清蛋白的组成及丰度差异进行鉴定与分析，在 599 种鉴定的具有定量信息的乳清蛋白中，发现 60 种差异丰度乳清蛋白。

与牛常乳相比，牛初乳中存在 25 种丰度上调表达蛋白、35 种丰度下调表达蛋白，说明牛初乳与牛常乳在蛋白质丰度上也存在较大差异。

通过分别对牛初乳和牛常乳中乳清蛋白的基因本体（GO）功能注释及 KEGG 代谢通路分析表明，牛初乳和牛常乳中乳清蛋白在生物学过程、分子功能、细胞组成及代谢通路上同样存在一定的差异（见表 4-4）。牛初乳乳清蛋白的不同组成部分中有 11 种蛋白参与 KEGG 代谢通路中的补体及凝血级联反应。牛常乳乳清蛋白的不同组成部分中有 19 种蛋白参与 KEGG 代谢通路。牛初乳乳清蛋白主要参与外源途径、内源途径、交替途径、经典途径和凝集素途径。补体系统的组成包括 30 多中活性成分，按其性质和功能可以分为 3 类，本文所述为以可溶性形式或膜结合形式存在的各种补体调节蛋白。其中经典途径是指主要由 C1q 与激活物结合后顺序活化 C1r、C1s、C2、C4 和 C3，形成 C3 转化酶与 C5 转化酶的级联酶促反应过程，其他途径与之类似。牛初乳中含有较多这些补体调节蛋白，因此其更具有潜在的资源和市场。

表 4-4　牛初乳和牛乳中乳清蛋白不同组成部分的 KEGG 代谢通路

代谢通路	牛初乳乳清蛋白		牛常乳乳清蛋白	
KEGG 路径名称	计数	百分比（%）	计数	百分比（%）
补体及凝血级联反应	11	10.2	14	13.7
系统性红斑狼疮			5	4.9

通过对生物过程的分析可知，牛常乳中乳清蛋白在生物过程中发挥的作用略高于牛初乳乳清蛋白，尤其体现在生物调控中的作用。而牛初乳在细胞定位建立和细胞定位中的作用略高于牛常乳。酶抑制活性作用是牛初乳和牛常乳中乳清蛋白的主要分子功能。对细胞组成而言，牛初乳乳清蛋白参与较多的是细胞外部分和细胞外空隙，与牛常乳的乳清蛋白相比参与的细胞组成大体相同，这说明无论是牛初乳乳清蛋白还是牛

常乳乳清蛋白，都具有较高的利用价值（见表 4-5）。

表 4-5　参与 KEGG 代谢通路的乳清蛋白

Uniprot 登录号	蛋白名称	蛋白质的氨基酸数	分子量（ku）	等电点（PI）	牛初乳	牛常乳
A8DC37	Fc 片段免疫球蛋白	278	31.1	8.72		√
Q5E9E3	补体结合成分	244	25.8	8.94		√
Q0VCX1	补体物质 1	689	76.6	5.08		√
Q2UVX4	补体物质 3	1661	187.1	6.84	√	√
Q3MHN2	补体物质 9	548	62	5.90	√	√
Q7S1H1	α_2- 巨球蛋白	1510	167.5	6.02	√	√
P00735	血凝酶	625	70.5	6.33	√	√
P00741	凝血因子 ix	416	46.8	5.66		√
P81187	补体因子 B	761	85.3	7.68	√	√
Q3SZZ9	纤维蛋白源 γ 链	435	49.1	5.87	√	√
Q28085	补体因子 H	1236	140.3	6.81	√	√
P23955	Serpin 肽酶抑制剂，进化枝 A	416	46.1	6.52	√	√
A6QPP2	Serpin 肽酶抑制剂，进化枝 D	496	55.2	6.86	√	√
P50448	Serpin 肽酶抑制剂，进化枝 G	468	51.7	6.67	√	√
Q28065	补体物质 4 结合蛋白 α	610	68.8	6.38	√	√

三、乳清蛋白多肽及其生理活性

乳清蛋白多肽是以乳清蛋白为原料经酶解工艺制得的，与乳清蛋白相比，具有更好的起泡性和乳化性，更易被机体吸收、转运和利用。有研究表明，乳清蛋白经消化吸收后，产生的部分蛋白质片段和肽类也具有生物活性和功能，如抗氧化活性、调节血糖功能及血管紧张素转化酶抑制活性等。

1. 抗菌肽

抗菌肽广泛存在于各种动植物代谢产物中，具有广谱抗菌性，分子量一般较小，富含赖氨酸和精氨酸，既含有亲水性基团又有疏水性基团。乳清蛋白在不同水解酶及不同水解条件下可产生不同的肽片段，肽段因其结构的差异而对不同微生物产生抗性。水解乳清蛋白制备抗菌肽的情况如表 4-6 所示。

表 4-6　牛乳清蛋白制备抗菌肽

蛋白来源	酶	序列	片段	抗菌性
β- 乳球蛋白、α- 乳白蛋白	胃蛋白酶、胰蛋白酶、糜蛋白酶	KVAGT KVGIN	F（14-18） F（117-121）	李斯特菌、大肠埃希菌
β- 乳球蛋白	胰蛋白酶	IDALNENK IPEVDDEALEK	F（84-91） F（125-135）	李斯特菌、金黄色葡萄杆菌和大肠埃希菌

2. 抗氧化肽

抗氧化肽一般含有 5 ～ 16 个氨基酸残基，食源性抗氧化肽被认为是安全健康、低成本、高活性、易吸收的低分子量化合物。现有研究表明，分子量较小的多肽比分子量较大的多肽具有更强的抗氧化活性。目前在半中试规模生产的乳清蛋白水解产物的 5kD 超滤渗透物中鉴定出抗氧化肽 MPI。有学者用天冬酰胺酸蛋白酶水解乳清蛋白，发现 3kD 以下肽段对 DPPH 自由基清除能力最强。水解乳清蛋白制备抗氧化肽的情况如表 4-7 所示。

表 4-7　牛乳清蛋白制备抗氧化肽

蛋白来源	酶	序列	片段	抗氧化性
α- 乳白蛋白	嗜热菌蛋白酶	INYW LDQW	F（101~104） F（115~118）	ABST
β- 乳球蛋白	胰蛋白酶	VAFTWY	F（15~20）	ORAC
α- 乳白蛋白	碱性蛋白酶	WYSL	F（19~22）	DPPH

续表

蛋白来源	酶	序列	片段	抗氧化性
β-乳球蛋白	碱性蛋白酶	GTWYST	F（33~38）	DPPH、FRAP 和铁螯合能力
		LSFNPTQL	F（165~172）	
		MAASDISLL	F（40~48）	
		AMAASDISLL	F（39~48）	

3.ACE 抑制肽

血管紧张素转化酶（ACE）是一种二肽酶，具有切割底物羧基末端的能力，可催化血管紧张素 I 水解为血管紧张素 II，从而刺激醛固酮的释放，使血液中钠浓度升高，导致血压升高。很多生物活性肽可以抑制 ACE 的活性而发挥降血压作用，因此 ACE 抑制肽受到广泛关注。已有报道在水解乳清蛋白与牛乳 β-乳球蛋白中分离纯化得到具有 ACE 抑制活性的肽段。水解乳清蛋白制备 ACE 抑制肽的情况如表 4-8 所示。

表 4-8 牛乳清蛋白制备 ACE 抑制肽

蛋白来源	酶	序列	片段
β-乳球蛋白	胃蛋白酶、胰蛋白酶	GLDIQK	F（9~14）
		VAGTWY	F（15~20）
β-乳球蛋白	胃蛋白酶	VFK	F（81~83）

4. 乳铁蛋白生物活性肽

在乳铁蛋白分子中，谷氨酸、天冬氨酸、亮氨酸和丙氨酸含量较高，除含少量半胱氨酸外，几乎不含其他含硫氨基酸，其终端含有一个氨基，由单一肽键构成。乳铁蛋白降解后其抗菌活性会进一步增加，这主要是因为乳铁蛋白降解后产生多种比其本身抗菌能力更强的肽段。部分乳铁蛋白生物活性肽及其作用机制如表 4-9 所示。

乳铁蛋白活性多肽（lactoferricinB，LfcinB）是乳铁蛋白在酸性条件下的降解产物，其抗菌活性明显提高。LfcinB 是两性分子结构，碱性的 Arg 残基和疏水的 Trp 残基充分分离形成了两性分子结构，Arg 残基在分子的一侧，Trp 残基在分子的另一侧，Gln 在分子的中间。这种结构与 LfcinB 的抗菌和抗病毒功能分不开。LfcinB 具有 β- 折叠构象，更易贴近细菌表面，带正电荷的残基与膜上磷脂基团的阴离子及脂多糖先后发生作用，通过膜定位器的作用使肽分子的疏水 - 螺旋插入膜上，聚合形成孔道，导致内容物外泄，从而使细菌或病毒死亡。有人认为它是 LF 蛋白酶解产物中活性最强的抗菌肽。LfcinB 除了不能结合铁离子外，几乎具备乳铁蛋白的所有生物学活性。

表 4-9　乳铁蛋白生物活性肽的作用机制

乳铁蛋白肽	氨基酸序列	分子质量 (Da)	生物活性	作用机制
Lfcin	FKCRRWQWRMKKLGAPSITCVRRAF	3125.80	抗微生物	疏水性；静电作用；破坏微生物细胞膜
Lactoferrampin	WKLLSKAQEKFGKNKNKSR	2048.39		
Lf（1～11）	APRKNVRWCTI	1343.60		
LRP	LRP	384.47	降血压	疏水性；抑制 ACE 活性
LNNSRAP	LNNSRAP	770.83		
LIWKL	LIWKL	671.87		
DPYKLRP	DPYKLRP	888.02		
Lfcin	FKCRRWQWRMKKLGAPSITCVRRAF	3125.80	抗肿瘤	破坏细胞膜结构，阻止肿瘤细胞生长；诱导肿瘤细胞凋亡
LfcinB6	RRWQWR	987.12		
PFR	PFWRIRIRR	1299.57		
hLF-11	GRRRSVQWCAV	1317.53	免疫调节	抑制促炎因子分泌，促进抗炎因子产生；增强巨噬细胞等免疫细胞的活性
LFP-20	KCRQWQSKIRRTNPIFCIRR	2590.09		
LF-6	KWRQWQSKWRRTNPWFWIRR	2902.33		
LF-2	KARQWQWKIRRTWPIFAIRR	2697.20		

　　抗菌肽 Lfampin 也是由乳铁蛋白酶解产生的肽段，位于乳铁蛋白的 268～284 部位氨基酸，肽段的 N 端形成两亲性的 α- 螺旋结构，带正电荷的 C 端对其行使抗菌活性具有重要作用。与许多抗菌肽相似，Lfampin 含有的色氨酸和带正电荷的氨基酸使其具有广谱抗菌活性，并且为两亲性分子。Lfampin 抗菌肽进行适当的人为改造可以进一步提高其抗菌能力，如由 Lfcin 和 Lfampin 抗菌肽串联组成的 LFchimera，具有比两者更强的与带负电荷细胞膜结合的能力和抗菌活性。

　　除 Lfcin 和 Lfampin 多肽外，乳铁蛋白的酶解产物中还存在其他一些具有明显抗菌活性的小肽。如源于人类乳铁蛋白的抗菌肽 HLR1r 具有抗革兰阴性菌和革兰阳性菌的作用；多肽 LF11 对细菌胞膜具有一定的破坏作用，去除多肽 LF11 的不带电荷残基、增加 LF11 多肽 N 端的疏水氨基酸或 N 端的酰化作用都可以提高其抗大肠埃希菌的能力，N 端酰化的 LF11 可以结合革兰阴性菌表面的脂多糖；源于乳铁蛋白序列的多肽 L10 对超广谱 β 内酰胺酶阳性的革兰阴性菌和多药耐药性的真菌均有杀伤作用，通过电镜观察发现 L10 肽段可以与两种菌胞膜结合，进一步研究表明其可以结合革兰阴性菌的脂质 A 和脂多糖，并且对假丝酵母的细胞具有透化作用。

　　部分乳铁蛋白的抗菌多肽对真菌也有一定的抑制作用，如多肽 Lfpep 和 Kaliocin-1 对白色念珠菌的细胞膜具有渗透作用，同时 Lfpep 可通过破坏生物膜结构而达到杀菌目的；LF11 也可以抑制白色念珠菌生物膜的形成；由乳铁蛋白序列衍生出的两个肽段 HLopt2 和 HLBD1 对假丝酵母有杀伤作用，HLopt2 可以使酵母的生物膜表面形成凹陷，破坏膜结构，从而达到杀菌的目的。

5. 脑腓肽

有研究根据人和牛 α- 乳白蛋白初始组成中的脑腓肽结构 Tyr-X1-X1-Phe，合成了氨基态 4 肽（α-lactorphin、β-lactorphin）。据报道，β-lactorphin 的产生条件为胃蛋白酶预消化，再结合胰蛋白酶和胰凝乳蛋白酶或胰酶的蛋白水解；α-lactorphin 的释放产生仅需要胃蛋白酶的消化。α-lactorphin 和 β-lactorphin 抑制猪回肠收缩有效作用浓度为 10^{-4}M，而吗啡为 10^{-6}M。α-lactorphin 和吗啡相似，对纳洛酮敏感的平滑肌收缩具有抑制作用。与此相反，β-lactorphin 对纳洛酮不敏感的平滑肌收缩具有诱导刺激作用。α-lactorphin 对诱导睡眠受体的亲和力低于吗啡 1000 倍，β-lactorphin 和诱导睡眠受体的结合与吗啡的结合相似。牛乳清蛋白质衍生的功能性多肽如表 4-10 所示。

表 4-10　牛乳清蛋白质衍生的功能性多肽

前体蛋白	片段	多肽的氨基酸序列	名称	功能
β- 乳球蛋白	102 ～ 105	Y-L-L-F	β-lactorphin	非脑啡肽刺激因子；作用于回肠；ACE 抑制剂
α- 乳白蛋白	50 ～ 53	Y-G-L-F	α-lactorphin	脑啡肽拮抗体；ACE 抑制剂
	142 ～ 148	A-L-P-M-H-I-R	—	ACE 抑制剂
	146 ～ 149	H-I-R-L	β-lactortensin	回肠收缩
血清白蛋白	399 ～ 404	Y-G-F-Q-N-A	seropjin	脑啡肽
	208 ～ 216	A-L-K-A-Y-S-V-A-R	albutensin	回肠收缩；ACE 抑制剂
乳铁蛋白	17 ～ 42	K-C-R-R-W-E-W-R-M-K-K-L-G-A-P-S-I-P-S-I-T-C-V-R-R-A-F	lactoferricin	抗菌作用

乳清蛋白多肽的营养保健功能可总结为以下 6 个方面。

（1）增强机体免疫力，抵抗疾病。

（2）促进有益菌的生长，维护胃肠道健康：乳清具有促进乳酸菌、双歧杆菌生长的作用，同时具备良好的缓冲性能，可保护益生菌免受胃肠道环境的破坏，具有一定的微生态平衡作用。

（3）降低血液胆固醇水平：食用乳清蛋白的小鼠，其血液胆固醇含量可降低30%，而食用大豆蛋白的小鼠则比原来升高了2倍。

（4）刺激骨骼的生长：乳清中的细胞生长因子可刺激成骨细胞生长和繁殖，乳清中的钙对机体骨骼生长也有一定的作用。

（5）预防肠癌：发酵乳清中的生物活性肽能有效抑制细胞繁殖。动物实验表明，乳清蛋白喂养的小鼠的癌症发病率要比大豆喂养的小鼠低50%。

（6）辅助治疗肥胖症：动物实验表明，乳清蛋白能刺激肠促胰酶肽（CKK）的分泌，降低食欲，同时提高机体的新陈代谢，消耗能量和多余的脂肪。另外，乳清还可以作为脂肪的替代品，降低食品的能量值。

第五章
牛初乳多肽产品的开发现状与前景

第一节 牛初乳多肽产品的特点

一、低敏性

对于新生儿，提供营养全面的饮食是必需的，尤其是含有丰富氨基酸的蛋白质源，母乳无疑是最优选择，因此提倡母乳喂养。然而，由于社会和个人等多种因素，导致目前我国母乳喂养率并不高，所以开发优质的婴幼儿乳粉势在必行。婴幼儿配方食品是以"母乳化"为目标设计制作的产品。有学者认为，婴幼儿配方奶粉在化学成分、矿物质、维生素以及脂肪酸、氨基酸含量和组成等方面已有很大改善，但仍缺乏能提高机体免疫力的活性成分，牛初乳粉可弥补这一缺陷。

牛初乳虽营养丰富，但在蛋白质组成上与母乳差别较大，容易导致婴儿产生消化不良、过敏等不良反应。研究表明，对牛乳蛋白过敏的婴儿中，对 β- 乳球蛋白、酪蛋白、α- 乳白蛋白、牛血清球蛋白和牛血清白蛋白过敏的比例分别为 82%、43%、41%、27%、18%。而牛初乳的总固体、蛋白质、脂肪、灰分（矿物质）、维生素含量均显著高于牛常乳，但乳糖含量低于牛常乳；牛初乳蛋白质中乳清蛋白所占比例较高，含大量免疫球蛋白、乳铁蛋白等活性成分，更容易造成过敏等不良反应。

降低牛乳过敏性的方法有多种，如热处理、加酶水解、乳酸发酵、辐照等，牛初乳多肽产品主要通过酶水解处理得到，经酶水解后牛乳蛋白不仅使抗原性大幅度降低，而且可以产生多种生物活性肽，如免疫活性肽、吗啡肽、降血压肽、抗氧化肽、抑制胆固醇作用肽等。乳蛋白经酶水解后虽未完全消除抗原性，但已显著降低致敏性。酪蛋白也因大部分水解，降低了在胃中的结块能力。

二、安全性

我国科技人员按国家原卫生部《保健食品检验与评价技术规范》（2003 版）要求，对牛初乳及牛初乳粉进行安全性毒理学评价试验，结果证明牛初乳及牛初乳粉对实验动物（小鼠或大鼠）经口急性毒性试验属无毒级，其最大耐受剂量（WTD）或半致死量（LD50）相当于人体推荐量的 100 ～ 600 倍，骨髓微核试验、污染物致突变性检测试验（Ames）、精子致畸试验 3 项遗传毒性试验结果均为阴性，30 天喂养亚慢性毒性试验亦未见动物有毒性反应；实验动物生长发育正常，血液学、血液生化、主要脏器重量、脏器系数均在正常值范围；组织病理学检查也未见异常。由此可见，牛初乳本身对人体是较安全的。

三、易吸收

大量研究表明，单独食用蛋白质或氨基酸，尽管其氨基酸组成是均衡的，也不如食用酶解肽，这说明蛋白质经过酶解不仅可以为机体提供氨基酸营养，还可以产生多种功能肽，对机体健康发挥重要功能。酶解肽主要是通过和胃肠系统中的微生物和受体相互作用发挥其生物功能的。另外，与氨基酸相比，短肽特别是 2 肽、3 肽，更容易被其运载体吸收，而且效率更高，更有利于机体中不同组织和器官的利用，从而构成氨基酸营养吸收和利用的基础，同时对机体营养和吸收控制发挥重要的调节作用。黏膜细胞摄入肽类的转运机制和摄入氨基酸的机制不同，从量上看，肽的吸收是摄入氨基酸的主要途径。小肽转运系统具有转运速度快、耗能低、不易饱和的特点。肽的转运机制可用于氨基酸，但两者之间没有竞争，可能是只有当氨酸转运机制饱和或肽转运机制有空余时，氨基酸才利用肽的转运机制。

牛初乳中含有丰富的蛋白质，而且均为优质蛋白，主要有乳白蛋白、乳铁蛋白、乳球蛋白、酪蛋白、其他酶类，以及很多生长因子、免疫球蛋白等生物活性蛋白。但这些优质蛋白大多是生物大分子，在人体消化利用过程中，吸收效率较低，还可能引起人体肠胃负担。而通过水解获得的牛初乳多肽更容易被身体吸收，从而发挥生物活性。此外，对婴幼儿而言，给予氨基酸与分子量较小的多肽混合物的饮食比给予完全氨基酸配方饮食在肠道吸收上更为有利。

四、功能活性

牛初乳因其含有高浓度、多种类的蛋白质而受到人们的普遍欢迎。近来发现，乳蛋白的某些肽链片段具有重要的生物功能，提示牛初乳的生物学作用可以通过多肽效应而体现。研究表明，以新鲜牛初乳作为原料，通过分离获得不同区段的蛋白片段加以收集冻干，并且利用收集的蛋白片段作用于细胞，发现 3 ku 以下的牛初乳小分子多肽对细胞有一定的促生长作用，而且剂量越大，促生长作用越明显。利用 3 ku 以下蛋白片段观察细菌生长曲线的影响进行抑菌实验，研究发现 3 ku 以下蛋白片段对大肠埃希菌的生长具有显著的抑制作用，而且随着蛋白片段浓度的增加，抑菌效果更为明显。N 端测序结果表明，牛初乳中 3ku 以下成分的氨基酸序列为 NH_2-Y-Q-E-P-V-L-G-P-V，该序列经相关报道比对分析为牛乳中的 β- 酪蛋白片段。

此外，富脯氨酸多肽是近年来发现的一种广泛存在于牛、羊、人等哺乳动物初乳中的生物活性物质。据报道，其具有广泛的生物活性功能，如免疫调节、抗氧化、抗病毒、抵御 DNA 突变等，对阿尔茨海默病也有很好的预防及治疗作用。

第二节　江南大学关于牛初乳多肽开发的最新研究

江南大学食品学院的食品科学与工程学科在我国同类学科中创建最早、基础最好、覆盖面最广，2007 年被选为食品领域唯一的国家一级重点学科，现拥有食品科学与技术国家重点实验室（食品领域唯一）、国家功能食品工程技术研究中心、益生菌与肠道健康国际联合研究中心（食品领域唯一）等 5 个国家级平台，累计获得国家级科技奖励 19 项。食品学院的食品科学与工程学科在 2009 年、2012 年、2017 年的全国教育部学科评估中位列第一（A+），于 2017 年入选国家"双一流"建设学科，并于 2019 年、2020 年、2021 年连续三年在软科世界一流学科排名中蝉联世界第一。

一、研发背景

牛初乳营养丰富，富含蛋白质、多不饱和脂肪酸、酸性低聚糖和中性低聚糖和核苷酸等营养因子。

牛初乳中的蛋白质还具有特殊的生理活性功能，其中乳铁蛋白具有杀菌、抗病毒、抗氧化、抗癌、促进肠道铁的转运和吸收、调节免疫系统等多种生物学功能；乳清蛋白具有高生物利用率、氨基酸组成丰富的特点。

然而，牛初乳中富含的酪蛋白具有不易吸收的特性，对于肠道功能不佳、消化功能弱的群体（尤其是老年群体）易造成消化道负担，从而大大影响人体对牛初乳中营养成分的吸收和利用。

江南大学－北垦人营养科学联合实验室

为了进一步对牛初乳中大分子蛋白质进行深入研究，解决牛初乳中大分子蛋白质难以被人体消化吸收的难题，北垦人品牌与江南大学食品学院教授、博士生导师杨严俊共建营养科学联合实验室，对牛初乳中大分子蛋白质展开进一步科研攻关。

江南大学食品学院博士生导师杨严俊教授

杨严俊教授于 1985 年 8 月参加工作，1998 年获得食品科学博士学位。现为江南大学食品学院教授、博士生导师，国家蛋品工程技术研究中心技术委员会委员。2000 年 10 月至 2002 年 9 月在日本京都大学从事博士后工作。2006 年 11 月至 2007 年 5 月作为高级访问学者在美国普渡大学进行科研工作。

▶ 主要科学研究领域

工程化食品关键技术研究、食品生物技术等领域，长期从事蛋白质结构与功能、生物活性多肽的研究与开发。

▶ 承担项目

近几年承担了国家级、省部级及横向项目近 20 项。1993 年主持国家"八五"重点科技攻关项目——工程化食品关键技术研究蛋黄免疫球蛋白的分离提取，并于 1996 年顺利通过国家级鉴定，项目总体研究达到国际先进水平，工艺处于国际领先水平。另外，还承担了科技部中小企业科技创新项目、中央级科研院所基础性工作专项资金项目中的重点项目、江苏省重点科技攻关项目——蛋黄抗体在饲料中的应用开发等多项国家及省部级科研项目。目前，作为项目负责人还承担了国家高技术研究发展计划（863 计划）——降血压活性肽的基因表达和分离技术的研究（2007AA10Z330）项目的研究工作。2020 年，承担了"多酶定向水解牛初乳蛋白肽粉关键技术与产品创制"科研课题，经中国轻工业联合会组织权威专家鉴定，项目科研成果达到国际先进水平。

二、最新研究概述

针对牛初乳酪蛋白高效水解和易吸收牛初乳蛋白肽粉绿色制备的难题，江南大学－北垦人营养科学联合实验室采用多酶定向水解技术同步实现酪蛋白凝聚和定向水解，从而实现易吸收牛初乳蛋白肽的开发。所使用的定向复合酶水解技术可对酪蛋白进行适度水解，从而制备出含酪蛋白肽的易吸收牛初乳蛋白肽粉。采用该技术获得的牛初乳蛋白肽粉主要有 3 个典型优势：①保持牛初乳中免疫球蛋白和乳铁蛋白生理活性；

②定向水解酪蛋白，产品易于吸收；③适度水解，减少苦味肽等不良风味物质的生成。

关于产品特征，主要验证了蛋白组成、多肽分子量分布、胃肠道消化后肽分布、免疫活性和抗氧化活性。经验证，通过多酶定向水解制备的牛初乳蛋白肽粉中酪蛋白电泳特征条带消失，IgG 和乳铁蛋白得以保留。牛初乳蛋白肽粉胃肠消化产物中，大分子量蛋白质含量少于牛初乳粉，并且在成年人和老年人消化条件下消化产物分子量分布差异较小。这表明相较于牛初乳，牛初乳水解蛋白肽粉更易被老年人消化，有助于缓解老年人的消化压力。牛初乳蛋白肽粉对 HepG2 细胞没有明显的细胞毒性，50 μg/ml 和 100 μg/ml 的牛初乳蛋白肽粉具有刺激巨噬细胞 RAW264.7 增殖的能力，并且展现出与 100 μg/ml 的还原型谷胱甘肽相似的细胞内抗氧化能力。

（一）多酶定向水解制备的牛初乳蛋白肽粉和牛初乳粉 SDS-PAGE

1. 实验方法

制备 12% 的分离胶和 5% 的浓缩胶。将 30 μl 样品与 10 μl 4× 上样缓冲液混合后沸水浴 5 min，冷却后吸取 10 μl 进行样品上样，蛋白 marker(蛋白分子量标准) 上样 7 μl。电泳完成后胶板用考马斯亮蓝 R-250 染色 1 h，再使用脱色液过夜脱色。

2. 实验结果

如图 5-1、5-2 所示，牛初乳蛋白肽粉相较于牛初乳粉酪蛋白电泳特征条带变淡（ α_{S1}- 酪蛋白：23.0 kDa，α_{S2}- 酪蛋白：24.3 kDa， β- 酪蛋白：23.6 kDa，κ- 酪蛋白：19.0 kDa ），IgG 和乳铁蛋白得以保留。

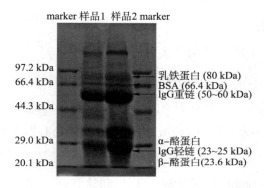

样品 1 为牛初乳蛋白肽粉，样品 2 为牛初乳粉

图 5-1　牛初乳蛋白肽粉和牛初乳粉 SDS-PAGE

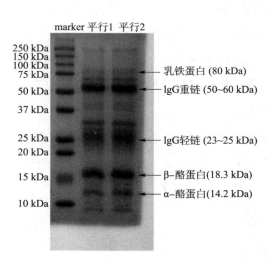

图 5-2　牛初乳蛋白肽粉 SDS-PAGE

（二）多酶定向水解制备的牛初乳蛋白肽粉和牛初乳粉体外模拟成年及老年人胃肠消化

1. 实验方法

（1）体外模拟成年及老年人胃肠消化

吸取 10 ml 浓度为 3% 的样品与 10 ml 模拟胃消化液混合后于 37℃、pH3 条件下消化 2 h。随后加入 20 ml 模拟肠消化液于 37℃、pH7 条件下消化 4 h。取样沸水浴 10 min 灭酶，2000 g 离心取上清过膜，使用液相测定分子量分布。老年人胃蛋白酶 pepsin 分泌量按成年人的 60% 计，老年人胰酶 pancreatin 分泌量按成年人 50% 计。

（2）牛初乳蛋白肽粉和牛初乳粉消化产物 SDS-PAGE

同上。

（3）牛初乳蛋白肽粉和牛初乳粉及其消化产物分子量分布测定

设备：waters 液相、检测器（紫外）。

色谱柱：TSKG2000SWXL。

流动相：乙腈∶水∶三氟乙酸 =40∶60∶0.07。

流速：1 ml/min。

标品：细胞色素 C（12384 Da）、牛胰岛素（5733.49 Da）、杆菌肽（1422.69 Da）、还原性谷胱甘肽（307.32 Da）、甘氨酸（75.07 Da）。

检测波长：214 nm。

进样量：10 μl。

2. 实验结果

（1）牛初乳蛋白肽粉和牛初乳粉消化产物 SDS-PAGE

如图 5-3、5-4 所示，经过模拟成年人和老年人胃肠消化，牛初乳蛋白肽粉的蛋白条带显著淡于牛初乳粉，并且老年人与成年人胃肠消化产物蛋白条带差异较小。这表明牛初乳蛋白肽粉比牛初乳更易消化，而且在老年人消化条件下消化良好。

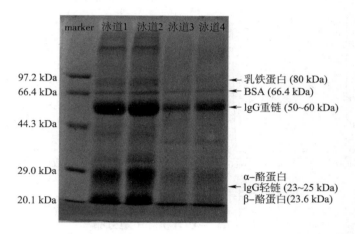

泳道 1：牛初乳粉成年人胃消化产物；泳道 2：牛初乳粉老年人胃消化产物；泳道 3：牛初乳蛋白肽粉成年人胃消化产物；泳道 4：牛初乳蛋白肽粉老年人胃消化产物

图 5-3　牛初乳蛋白肽粉和牛初乳粉胃消化产物 SDS-PAGE

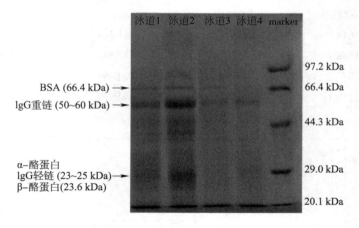

泳道 1：牛初乳粉成年人肠消化产物；泳道 2：牛初乳粉老年人肠消化产物；泳道 3：牛初乳蛋白肽粉成年人肠消化产物；泳道 4：牛初乳蛋白肽粉老年人肠消化产物

图 5-4　牛初乳蛋白肽粉和牛初乳粉肠消化产物 SDS-PAGE

（2）牛初乳粉和牛初乳蛋白肽粉分子量分布

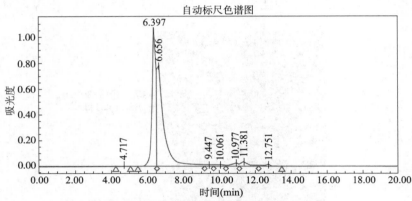

图 5-5　牛初乳粉分子量分布 HPLC 图谱

表 5-1　牛初乳粉分子量分布

保留时间（min）	峰面积	平均分子量（Da）	百分比（%）
4.717	81699	98343.8	0.210499
6.397	15433469	20212.82	39.76467
6.656	20957504	15837.84	53.99747
9.447	265401	1143.344	0.683811
10.061	422514	641.2849	1.088617
10.977	717498	270.6494	1.848649
11.381	933928	184.9997	2.406286

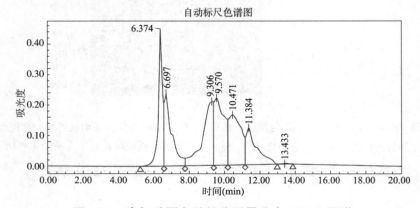

图 5-6　牛初乳蛋白肽粉分子量分布 HPLC 图谱

表 5-2　牛初乳蛋白肽粉分子量分布

保留时间（min）	峰面积	平均分子量（Da）	百分比（%）
6.374	7439125	20655.42	16.6079
6.697	6699905	15237.97	14.95759
9.306	8848492	1305.708	19.75432
9.57	8582067	1018.287	19.15953
10.471	8110604	435.874	18.10698
11.384	5112491	184.4778	11.41367

　　如以上图表所示，牛初乳粉主要蛋白平均分子量集中于 20212.82 Da（39.76467%）和 15837.84 Da（53.99747%）。经过多酶定向水解，牛初乳蛋白肽粉大分子量蛋白含量降至 16.6079% 和 14.95759%，并生成大量低分子量多肽。

（3）牛初乳粉和牛初乳蛋白肽粉消化产物分子量分布

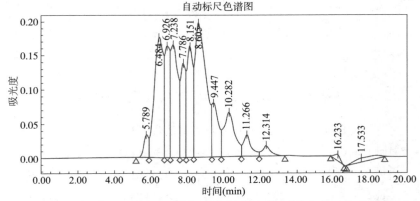

图 5-7　牛初乳粉模拟成年人胃消化产物分子量分布 HPLC 图谱

表 5-3　牛初乳粉模拟成年人胃消化产物分子量分布

保留时间（min）	峰面积	平均分子量（Da）	百分比（%）
5.789	613373	35834.31	1.772425
6.484	6035216	18622.76	17.43958
6.926	3161204	12281.91	9.134729
7.238	4471465	9154.993	12.92091

续表

保留时间（min）	峰面积	平均分子量（Da）	百分比（%）
7.786	2565446	5464.193	7.413205
8.151	3626276	3874.726	10.47862
8.605	8420031	2526.708	24.33083
9.447	2000187	1143.344	5.779813
10.282	2749663	520.7892	7.945525
11.266	963573	206.1608	2.784375

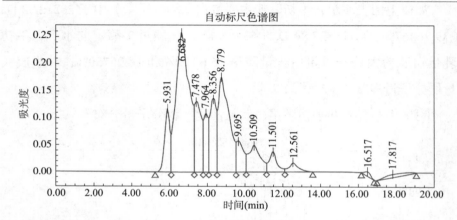

图 5-8　牛初乳粉模拟老年人胃消化产物分子量分布 HPLC 图谱

表 5-4　牛初乳粉模拟老年人胃消化产物分子量分布

保留时间（min）	峰面积	平均分子量（Da）	百分比（%）
5.931	2438332	31348.81	6.951006
6.682	12342760	15454.75	35.18577
7.478	3325952	7302.944	9.481364
7.964	1866468	4620.873	5.320781
8.356	3293342	3194.449	9.388402
8.779	7057815	2144.811	20.11987
9.695	1538710	905.2009	4.386434
10.509	2161915	420.5513	6.163018
11.501	1053542	165.2308	3.003355

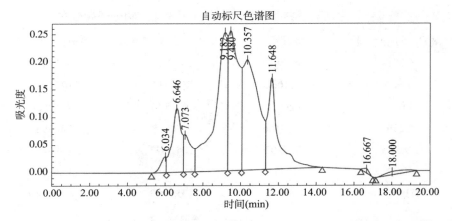

图 5-9 牛初乳蛋白肽粉模拟成年人胃消化产物分子量分布 HPLC 图谱

表 5-5 牛初乳蛋白肽粉模拟成年人胃消化产物分子量分布

保留时间（min）	峰面积	平均分子量（Da）	百分比（%）
6.034	567784	28450.77	1.244583
6.646	3916218	15987.7	8.584355
7.073	1939398	10694.07	4.251163
9.182	11629700	1467.446	25.49232
9.48	9564214	1108.358	20.96477
10.357	11530772	485.274	25.27547
11.648	6472326	143.8693	14.18735

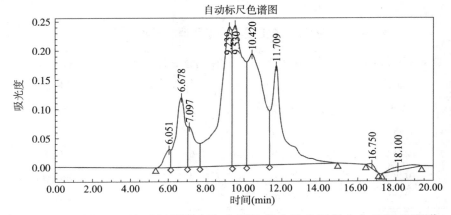

图 5-10 牛初乳蛋白肽粉模拟老年人胃消化产物分子量分布 HPLC 图谱

表 5-6　牛初乳蛋白肽粉模拟老年人胃消化产物分子量分布

保留时间（min）	峰面积	平均分子量（Da）	百分比（%）
6.051	684751	27998.9	1.497511
6.678	4121062	15513.08	9.012527
7.097	2024011	10455.07	4.426396
9.239	11033186	1390.75	24.12895
9.53	9325102	1057.377	20.39347
10.42	11153933	457.3198	24.39301
11.709	7383886	135.8373	16.14814

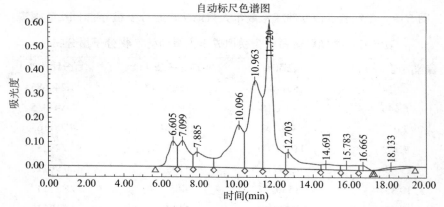

图 5-11　牛初乳粉模拟成年人胃肠消化产物分子量分布 HPLC 图谱

表 5-7　牛初乳粉模拟成年人胃肠消化产物分子量分布

保留时间（min）	峰面积	平均分子量（Da）	百分比（%）
6.605	3072152	16617.09	5.649987
7.099	3982874	10435.4	7.324893
7.885	3197783	4977.772	5.881034
10.096	9749292	620.4917	17.9299
10.963	16096418	274.2414	29.60288
11.72	18275982	134.4374	33.61131

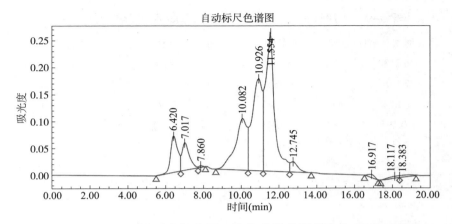

图 5-12 牛初乳粉模拟老年人胃肠消化产物分子量分布 HPLC 图谱

表 5-8　牛初乳粉模拟老年人胃肠消化产物分子量分布

保留时间（min）	峰面积	平均分子量（Da）	百分比（%）
6.42	1764365	19779.71	7.916141
7.017	1391721	11273.19	6.244206
7.86	41127	5096.359	0.184524
10.082	4154721	628.7268	18.6409
10.926	6395046	283.9658	28.69252
11.554	8541217	157.186	38.3217

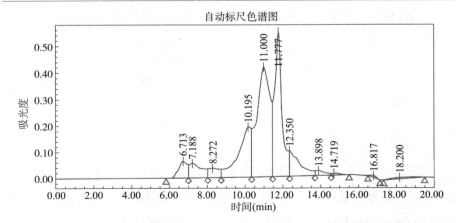

图 5-13　牛初乳蛋白肽粉模拟成年人胃肠消化产物分子量分布 HPLC 图谱

表 5-9 牛初乳蛋白肽粉模拟成年人胃肠消化产物分子量分布

保留时间（min）	峰面积	平均分子量（Da）	百分比（%）
6.713	2113849	15010.08	4.186267
7.188	2613879	9596.392	5.176527
8.272	1416283	3457.419	2.804807
10.195	8957347	565.2558	17.73913
11	20159154	264.85	39.9232
11.777	15234327	127.411	30.17007

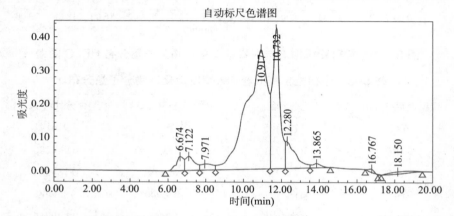

图 5-14 牛初乳蛋白肽粉模拟老年人胃肠消化产物分子量分布 HPLC 图谱

表 5-10 牛初乳蛋白肽粉模拟老年人胃肠消化产物分子量分布

保留时间（min）	峰面积	平均分子量（Da）	百分比（%）
6.674	1173844	15571.63	2.78221
7.122	1436682	10211.79	3.405181
7.971	833340	4590.511	1.975158
10.917	27327588	286.3828	64.77103
11.732	11419611	132.9266	27.06642

如以上图表所示，牛初乳粉在模拟老年人胃肠消化条件下，低分子量消化产物含量低于成年人。经多酶定向水解制备的牛初乳蛋白肽粉，胃肠消化产物中大分子量蛋白质含量少于牛初乳粉，并且在成年人和老

年人消化条件下消化产物分子量分布差异较小。这表明相较于牛初乳，牛初乳蛋白肽粉更易于被老年人消化，有助于缓解老年人消化压力。

（三）多酶定向水解制备的牛初乳蛋白肽粉增强免疫功能活性

1. 实验方法

（1）巨噬细胞 RAW264.7 存活率实验

RAW264.7 接种于 96 孔板贴壁培养 24 h，加入受试样品（50 μg/ml、100 μg/ml、500 μg/ml 和 1000 μg/ml）及 LPS（5 μg/ml）处理 24 h 并用 MTT 法测定细胞存活率。

（2）巨噬细胞 RAW264.7 吞噬中性红实验

RAW264.7 接种于 96 孔板贴壁培养 24 h，加入受试样品（50 μg/ml、100 μg/ml、500 μg/ml 和 1000 μg/ml）及 LPS（5 μg/ml）处理 24 h，用 PBS 清洗 3 次后用 0.01% 中性红处理 2 h，然后再用 PBS 清洗 3 次，再用细胞裂解液进行处理，并与 540 nm 测定吸光度。

（3）巨噬细胞 RAW264.7 表达 NO 水平

RAW264.7 接种于 96 孔板贴壁培养 24 h，加入受试样品（50 μg/ml、100 μg/ml、500 μg/ml 和 1000 μg/ml）及 LPS（5 μg/ml）处理 24 h，吸取孔内培养液并根据 NO 测定试剂盒说明对 NO 水平进行测定。

（4）C57 小鼠口服牛初乳蛋白肽粉

将 6 周龄 C57 小鼠分为对照组和试验组，并自由摄食适应 1 周。1 周后试验组每天灌胃 303.33 mg/kg 剂量牛初乳蛋白肽粉，对照组灌胃等体积生理盐水。以 60 kg 人体每天摄入 2 g 牛初乳蛋白肽粉计，根据人与小鼠体表面积法换算，则每天小鼠的摄入剂量为 9.1×2000 mg/60kg=303.33 mg/kg。给药周期为 21 天，眼球取血用于血常规测定。

2. 实验结果

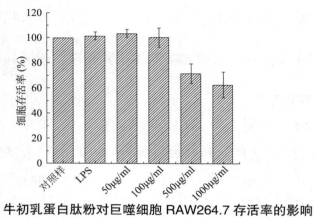

图 5-15　牛初乳蛋白肽粉对巨噬细胞 RAW264.7 存活率的影响

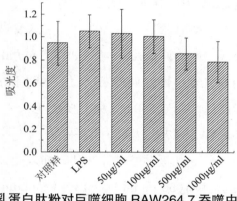

图 5-16　牛初乳蛋白肽粉对巨噬细胞 RAW264.7 吞噬中性红能力的影响

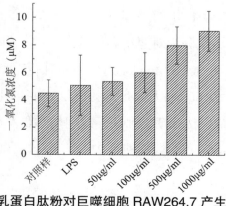

图 5-17　牛初乳蛋白肽粉对巨噬细胞 RAW264.7 产生 NO 含量的影响

如图 5-15、5-16、5-17 所示，50 μg/ml 和 100 μg/ml 的牛初乳蛋白肽粉没有明显的细胞毒性，对 RAW264.7 的存活没有明显影响。50 μg/ml 和 100 μg/ml 的牛初乳蛋白肽粉提高了单位数量 RAW264.7 吞噬中性红的能力，表明其吞噬活性提高。牛初乳蛋白肽粉显著提高了 RAW264.7 产生 NO 的含量，表明其可以诱导单核巨噬细胞向巨噬细胞分化，并产生 NO，而 NO 对细菌和肿瘤细胞有杀伤和细胞毒性作用。这些结果表明，牛初乳蛋白肽粉有增强巨噬细胞免疫活性的效果。

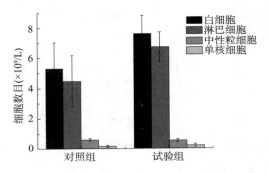

图 5-18　血液中各类细胞的数目

如图 5-18 所示，试验组的 C57 小鼠口服摄入牛初乳蛋白肽粉 3 周后，血液中白细胞数目增加，说明有助于小鼠免疫力的提高。

（四）多酶定向水解制备的牛初乳蛋白肽粉抗氧化活性

1. 实验方法

（1）细胞存活率实验

HepG2 接种于 96 孔板贴壁培养 24 h，加入受试样品（50 μg/ml、100 μg/ml、500 μg/ml 和 1000 μg/ml）处理 24 h 并用 MTT 法测定细胞存活率。

（2）HepG2 细胞内抗氧化实验

HepG2 接种于 96 孔板贴壁培养 24 h，加入受试样品（50 μg/ml、100 μg/ml、500 μg/ml 和 1000 μg/ml）和终浓度为 25 μM 的 DCFH-DA，在 37℃和 5%CO$_2$ 条件下培养 1 h 后，吸去样品溶液，并用 PBS 清洗。将 100 μl、600 μM 的 ABAP 添加到孔板中诱发细胞氧化。每 5min 记录一次荧光值（λem=538 nm，λem=485 nm），持续 1 小时。以相同处理的生长培养基作为对照，使用 100 μg/ml 的 L- 还原型谷胱甘肽作为阳性对照，以未加 DCFH-DA 的孔板作为 Blank。所有试验样品重复 12 次。

（3）清除 DPPH 自由基

准确称取 0.0198g DPPH，用无水乙醇定容至 250 ml，配置成 0.2 mmol/L 的 DPPH，棕瓶避光低温保存；用去离子水稀释牛初乳水解肽，以 0.5 mg/ml、1 mg/ml、2 mg/ml 为一个浓度梯度；分别取 2 ml 的 DPPH 和样品混匀，室温避光 30 min，测定 517 nm 吸光值记为 Ai；2 ml 样品 +2 ml 无水乙醇，记为 Aj；2 ml DPPH+2 ml 去离子水，记为 Ac。清除率 =［1-（Ai-Aj）/Ac］×100%。

（4）清除 ABTS 自由基

配置 7 mmol/L 的 ABTS 溶液和 2.45 mmol/L 的过硫酸钾溶液，将两者等体积混合制成 ABTS 工作液，室温避光存放 12 ～ 16 h，样品分析前使用 PBS（PH 7.4、5 mmol/L）稀释 ABTS 工作液，至其吸光值为 0.70±0.02，棕瓶避光保存；用去离子水稀释牛初乳水解肽，以 5 mg/ml、10 mg/ml、20 mg/ml 为一个浓度梯度；分别取 2 ml 的 ABTS 和样品混匀，室温避光 18 min，测定 734 nm 吸光值记为 Ai；2 ml 样品 +2 ml PBS，记为 Aj；2 ml ABTS+2 ml 去离子水，记为 Ac。清除率 =［1-（Ai-Aj）/Ac］×100%。

（5）清除羟基自由基

用去离子水稀释牛初乳水解肽，以 0.1 mg/ml、0.25 mg/ml、0.5 mg/ml

为一个浓度梯度；使用 9 mmol/L 的 $FeSO_4$ 和 H_2O_2 各 1 ml 激活反应体系，加入 1 ml 的样品，室温放置 10min 后加入 9 mmol/L 的乙醇－水杨酸溶液 1 ml，在 37℃孵育 30 min，在 510 nm 下测定吸光值，记为 Ai；将 H_2O_2 替换为去离子水，记为 Aj；将样品替换为去离子水，记为 Ac。清除率 ＝［1-（Ai-Aj）/Ac］×100%。

2. 实验结果

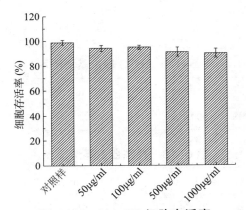

图 5-19 HepG2 细胞存活率

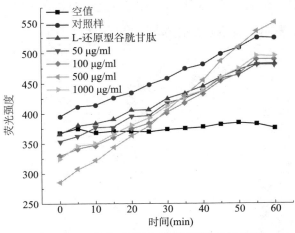

图 5-20 牛初乳蛋白肽粉细胞内抗氧化

如图 5-19、5-20 所示，50 μg/ml、100 μg/ml、500 μg/ml 和 1000 μg/ml 的牛初乳蛋白肽粉对 HepG2 细胞没有明显细胞毒性。50 μg/ml 和 100 μg/ml 的牛初乳蛋白肽粉展现出与 100　μg/ml 的还原型谷胱甘肽相似的细胞内抗氧化能力。

表 5-11　DPPH 自由基清除率

浓度梯度	0.5 mg/ml	1 mg/ml	2 mg/ml
DPPH 自由基清除率	90.1%	85.4%	74.6%

表 5-12　ABTS 自由基清除率

浓度梯度	5 mg/ml	10 mg/ml	20 mg/ml
ABTS 自由基清除率	99.0%	90.6%	79.5%

表 5-13　羟基自由基清除率

浓度梯度	0.1 mg/ml	0.25 mg/ml	0.5 mg/ml
羟基自由基清除率	77.5%	75.6%	70.8%

如表 5-11、5-12、5-13 所示，牛初乳蛋白肽粉展现出良好的自由基清除效果，表明其具有良好的体外抗氧化活性。

第三节　牛初乳多肽加工的关键工艺

一、微孔滤膜除菌

微孔过滤是以静压差为推动力，利用膜的"筛分"作用进行分离的膜过程。由于每平方厘米滤膜中约含有 14 万至 1 亿个小孔，孔隙率占总体积的 70% ～ 80%，故阻力小，过滤速度快。微孔过滤主要从气相和液相物质中截留微米及亚微米级的细小悬浮物、微生物、微粒、细菌、酵母、红细胞等污染物，以达到净化、分离和浓缩的目的。错流过滤技术可去除低脂、中脂牛奶中的细菌，除菌率 >99%。研究表明，采用微孔过滤处理可除去免疫牛初乳乳清中 99.99% 的病原微生物，除菌条件为膜孔径 0.22 μm、循环速率 5 m/s、循环压力 10 Psi、进口压力 30 Psi。此外，还可以利用膜分离技术对牛初乳肽的加工工艺进行改进，如使用微滤膜进行除菌、纳滤膜进行浓缩，此法弥补了传统杀菌中工艺脂肪被氧化产生异味、蛋白质变性引起营养损失等缺陷，使产品的微生物指标符合国家标准。

二、冷冻干燥

冷冻干燥是在真空状态下，利用升华原理，使预先冻结的物料中的水分不经过冰的融化直接以冰态升华为水蒸气而除去，从而获得干燥制品的技术。采用冷冻干燥技术生产牛初乳粉，可以减少其中热敏性成分的破坏，较好地保留其中的营养成分和生理活性成分。

牛初乳肽粉冷冻干燥工艺流程为：脱脂牛初水解液装仓→预冻至 -40℃→将捕水器降温至 -60℃→开启真空泵，将系统真空抽至 10 Pa →开启加热，使物料得到一定升华潜热，并保持系统真空在 20 ～ 30 Pa →冻干，系统真空达到 5 Pa，保持一定时间，使物料彻底冻干后出仓。将膜过滤与冷冻干燥技术相结合，生产冷冻干燥牛初乳肽粉。

第四节　牛初乳多肽产品的市场前景与开发

近年来，牛初乳已成为食品及功能性乳制品开发的热点，牛初乳生产加工企业、牛初乳制品种类和品种越来越多，现已成为新一代功能性食品资源库。但在过去，牛初乳来源十分珍贵，一方面牛初乳的产量尚不足普通牛奶的 2.0%，且必须首先满足牛犊的生理需求；另一方面原料牛初乳的质量受牧场卫生管理的制约，并且收集量与每年气候条件、技术运用等都有密切关系，导致真正可利用的量不稳定，属于稀缺资源。

现代社会，快节奏、高强度的生活环境，使越来越多的人处于亚健康状态；世界人口的激增带来了老龄化问题，人口结构不平衡、平均健康素质逐步下滑的问题日益严重；还有一些特殊人群，容易受自身或外界条件的影响而表现出生理异常。这些使得人们意识到必须改变传统的医疗模式，从治疗型转向预防保健型，于是以促进人类健康为目的的食品开发逐渐成为当今食品工业的主题，具有生理调节功能、预防疾病、促进健康作用的功能性食品的开发得到了各国政府、营养学家、食品科技工作者和消费者的普遍认同和重视。

我国对于现代功能性食品的研究和开发起步较晚，与国际同行之间存在一定的差距（图 5-21），要使我国功能性食品的研究和生产达到或超过世界先进水平，必须要发展第三代功能性食品。以此为据，国家确定了今后功能性食品的发展方向，即主要围绕特色功能因子、功能性食品添加剂及新型产品的研发 3 个方面。此外，还需加强开发适合特殊人群的功能性食品。

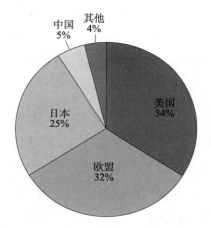

图 5-21 全球功能性食品市场份额

一、牛初乳多肽产品的市场前景

现代社会已经建立起庞大的乳品工业体系，牛初乳尽管珍贵，但只要妥善处理，其来源在一定范围内是可以保障的。据报道，每头牛在一个初乳期的初乳量平均为 39 ～ 52 kg，牛犊出生后的初乳实际喂养量在 6.8 ～ 11.7 kg 之间。因此，从来源来看，将牛初乳作为一种功能性食品基料的来源加以充分利用具有可行性。作为一种功能性食品或原料，保证原料的稳定来源，是牛初乳多肽产品开发的基本前提之一。

　　牛初乳多肽产品可以很好地解决牛初乳产业目前存在的某些问题。牛初乳功能性组分较为独特，均为蛋白性物质。而牛初乳多肽产品是与乳中某些蛋白质肽链的某些片段相同或相似，在乳中固有或乳蛋白降解过程中所产生的具有生物活性的肽类。当牛乳蛋白在外源酶或微生物作用下发生水解后，具有生物活性的牛初乳多肽才会被释放、激活。牛初乳多肽产品能够极大地保留牛初乳的功能性质，并且不包含牛初乳中的病毒、病原体、重金属等，从而能较好地保证安全性。同时，牛初乳多肽产品的生产工艺能保证牛初乳的功能活性不受破坏。此外，牛初乳多肽产品可以根据乳源功能成分的功效特点和人群特点，开发更多针对性强、实用性佳的功能性产品。例如，根据牛初乳具有的免疫调节功能，分离得到具有抵抗各种病原体入侵和过敏原引起的过敏反应、能中和毒素调理身体免疫功能、传递被动免疫力的富脯氨酸多肽；根据牛初乳具有的抑菌功效，得到具有增强机体抵抗病原微生物感染能力、可作为食品天然防腐剂的抗菌肽；针对婴幼儿食品，由于婴幼儿胃部的 pH 值为 4.0 左右，可以减少对活性成分的破坏，因而可直接采用牛初乳多肽基料为强化的营养品；针对成年人，则需要考虑从配方组合的角度尽量保护活性物质的活性；针对运动员食品，应考虑吸收的快捷性和能量的快速补充，适合开发流质食品，从而稳定功能成分在液质中的分散性。

　　总之，相比牛初乳，牛初乳多肽产品除了具有更好的稳定性外，还能保持牛初乳的生物活性，针对性强、实用性佳，更符合现代市场的需求。多肽具有吸收快和生物活性的特点，因而可应用于临床营养、运动营养、老年人营养、功能保健食品、特殊医学用途配方食品等领域。生物活性多肽在各个行业中的应用也日趋广泛，逐步突破传统化妆品、食品、药品的界限，将展现出巨大的市场价值，未来各领域对于新用途、多用途、效果更好的活性多肽产品将会有更多的开发和研究空间。牛初乳中的活性蛋白质和多肽的种类和功效繁多，其免疫球蛋白和其他免疫因子能高效预防和改善疾病，增强抗病能力；各种生长因子各施所能，可促进细胞正常生长、修复组织损伤和调节细胞新陈代谢；多种活性肽易于消化吸收，不仅能清除肠道病原菌及其毒素，控制肠道菌群，调整肠道微环境，还能协同其他免疫因子和生长因子发挥广泛的生物学活性作用。因此，牛初乳多肽产品的市场前景乐观，具有研究和开发的意义。

二、牛初乳多肽产品的开发

由于牛初乳多肽具有多种生理功效，所以在许多领域都能发挥广泛的作用。

1. 营养补充剂

对于婴幼儿奶粉，其中的食品能量和营养成分虽然能够满足婴幼儿的日常需求，但也存在营养物质的吸收问题。酪蛋白磷酸肽（CPP）是目前研究最多的矿物质元素结合肽，能与多种矿物质元素结合形成可溶的有机磷酸盐。CPP能明显提高补钙、补铁效果，可作为强力补钙剂或补铁剂，应用范围十分广泛。牛乳中富含钙，质量浓度约为 12 g/L，但牛乳中的钙吸收并不完全，易在肠道中形成难溶性钙盐而排出体外。而通过酶解酪蛋白可获得多种CPP，在牛奶中适当加入CPP可大大增强钙的吸收，有助于营养物质的有效补充。新生儿免疫系统活性细胞非常缺乏，母乳可提供大量保护因子与活性细胞，帮助新生儿对细菌和病毒产生直接抗性。而从牛初乳中分离出的免疫调节肽也可作为营养补充剂加入到乳粉中，帮助增强机体抵抗力。此外，体外阿片样肽的活性实验表明，在预消化婴儿奶粉中加入牛初乳中的阿片样肽，能减少婴儿啼哭、增加睡眠。

临床营养主要是给患者提供营养，因为这些患者的消化能力较差，要想快速恢复体力，就必须食用能快速吸收的营养素。通常临床补充蛋白质有 3 种方式，分别是注射白蛋白、注射氨基酸输液和口服能快速吸收的蛋白质即肽类化合物。而高营养价值的牛初乳多肽产品也可以作为营养补充剂，帮助患者恢复健康。

运动员在运动过程中会消耗大量的蛋白质，因此运动前、运动中及运动后需补充蛋白质，而肽容易吸收，能迅速被运动员利用，从而达到快速补充蛋白质和抗疲劳的效果。另外，牛初乳为天然产物，不属于国际奥林匹克委员会规定的违禁品。澳大利亚运动生理学家琼·巴利克研究发现，每天食用牛初乳的运动员的耐力显著增加，成绩提高 20%。但牛初乳中存在激素的问题让运动员们望而却步，而牛初乳多肽产品可以很好地解决这些问题，作为营养补充剂供运动员食用。

2. 药物

由于多肽的免疫原性较低、稳定性较高、结构简单，在某些性质上和蛋白质物质不同，所以其在健康产品以及药物中的应用较多。早期在青霉素及其他抗生素出现以前，美国一直将牛初乳作为一种抗病食物食用，而且牛初乳可以作为某些疾病的治疗药物。

目前，牛初乳抵抗细菌类致病原的特性已经广为人知。例如，牛初乳乳清能够杀死 O157 ： H7 和 O111 ： NM 等具有神经毒性的大肠埃希菌，这些微生物与食品中毒有关，对健康危害较大。1995 年，Hurley 等人发现牛初乳在抑制很多种病原微生物生长的同时，对肠道内非病原性微生物的生长、繁殖几乎无影响。另外，许多关于牛初乳抗菌活性的报道多涉及初乳组分，特别是其中的特异性抗体或乳铁蛋白，在实验室表现出阻滞细菌生长的能力。南达科他大学研究人员发现，牛初乳乳清对动物感染过程确有影响。在神经毒性大肠埃希菌感染模型体系中，以无病原菌小猪为实验对象，饲料中含 10% 初乳乳清时，可以防止小猪体内形成免疫抑制和侵入损害。用一种具有神经毒性的大肠埃希菌和轮状病毒对刚断奶小猪进行口服试验，若每周喂食 20 ml 牛初乳乳清即可完全防止感染。这种保护作用非常彻底，以至于口服微生物当天无法从实验动物中检出摄入的大肠埃希菌。白色念珠菌感染一直未找到有效的天然药物。中国香港大学的一个研究小组于 1978 年在《儿科》杂志上发表的报告表明，牛初乳中含有的白细胞可以有效控制白色念珠菌感染。纽约州立大学研究人员则发现在牛初乳中存在对抗该菌的特异性抗体。这是因为牛初乳中含有抗菌蛋白，服用含有抗菌的牛初乳多肽药物能够有效预防细菌感染。

病毒作为对人类健康威胁最大的病原，牛初乳是能够阻止它在体内繁殖的少数物质之一。由于病毒能和宿主细胞上的特异受体结合而黏着在细胞上，通过其自身的特异蛋白酶进行核酸复制与蛋白加工，所以能够从肽库中挑选出和宿主细胞受体相符合的多肽或和病毒蛋白酶等活性位点结合的多肽，从而进行病毒治疗。目前已证实，一些肠病毒能被牛初乳抑制。向病毒－培养细胞共存体中添加牛初乳乳清或几种初乳成分，可以抑制或防止脊髓灰质病毒、轮状病毒及猪肝炎病毒等对培养细胞的感染。牛初乳免疫球蛋白 IgA 抗体可以黏附到病毒表面来预防感冒，而无须伴随常规抗体抗原反应的补体生成等过程。支气管炎和肺炎常由呼吸合胞体病毒引起，人畜接触该病毒后，牛初乳中便含有对抗这种病毒的 IgG 和 lgA 抗体。腹泻和肠炎可能是轮状病毒感染的结果。有研究者将一种轮状病毒加到饲料中，让乳牛摄入后，结果发现牛初乳中可检出对抗该病毒效价很高的抗体。肠道疾病患者食用这种初乳后，可以防止一般的腹泻和炎性肠道综合征。根据 R.H.Michacls 博士的研究，牛初乳免疫因子能够中和引起一种软膜、蛛网膜炎的埃可病毒和引起类脊髓灰质炎的柯萨奇病毒。E.L.Palmer 及其同事通过研究检测到牛初乳抵抗几种已知肠病毒后，甚至推测牛初乳和乳汁中存在广谱的抗病毒因子。

3. 功能性食品

牛初乳集中了普通乳汁的精华，是世界公认的功能性食品。牛初乳蛋白中的乳源活性肽可以作为功能性食品而发挥保健作用。需要特别指出的是，在婴幼儿至老年人的各年龄层人群试验中，牛初乳增强机体免疫功能、调节机体生理平衡状态、加速健康恢复过程、改善肠胃等功能都有成功的临床试验证据。因此，牛初乳功能性食品的开发绝非仅仅针对婴幼儿。

牛初乳中含有许多影响关键生理功能并对人体具有多种调节作用的肽序列。已有的研究证实，牛初乳中的生物活性肽可以影响人体的激素分泌、免疫防御、营养吸收以及神经信息传递等方面。随着科研人员对牛初乳多肽的不断深入研究，牛初乳多肽产品也将在更多领域崭露头角。

参 考 文 献

［1］曹雪涛. 医学免疫学［M］. 7 版. 北京：人民卫生版社，2018.

［2］李春艳. 免疫学基础［M］. 北京：科学出版社，2012.

［3］李忠，白宗科，张丽伟，等. 免疫衰老及其相关疾病的防治［J］.
中国肿瘤生物治疗杂志，2020，27（04）：341-350.

［4］宋婉莹，李墨翰，张秀敏，等. 牛初乳与牛常乳中游离氨基酸和
不溶性蛋白质氨基酸对比研究［J］. 乳业科学与技术，2021，44
（5）：1-6.

［5］杨红，刘爱国，刘立增，等. 牛初乳营养成分与其免疫球蛋白活
性保持技术研究进展［J］. 食品与发酵工业，2022，48（03）：
298-303.

［6］陆东林，刘朋龙，徐敏，等. 我国牛初乳资源及其安全性评价
［J］. 中国乳业，2020（09）：62-66.

［7］陆东林，张丹凤，荆文清，等. 奶牛初乳中常量成分和矿物元素
的测定［J］. 新疆农业科学，2001（06）：299-301.

［8］崔娜，梁琪，文鹏程，等. 牛初乳与常乳的物化性质对比分析
［J］. 食品工业科技，2013，34（09）：368-372.

［9］Playford R J，Weiser M J. Bovine colostrum：its constituents and
uses［J］. Nutrients，2021，13（1）：265.

［10］马丽艳. 牛初乳的营养保健功能及开发利用［J］. 中国食物与营养，2011，17（08）：76-78.

［11］陈永华，毛永江，常玲玲. 中国荷斯坦牛初乳、常乳与乳房炎乳乳成分及理化性质的比较研究［J］. 中国奶牛，2011（10）：56-59.

［12］何晓瑞，刘朋龙，陆东林，等. 牛初乳的化学组成、动态变化及资源利用［J］. 新疆畜牧业，2020，35（05）：8-11+17.

［13］Arslan A，Kaplan M，Duman H，et al. Bovine colostrumand and its potential for human health and nutrition［J］. Frontiers in Nutrition，2021，8：65172.

［14］陆东林，刘朋龙，徐敏，等. 我国牛初乳资源及其安全性评价［J］. 中国乳业，2020（9）：62-66.

［15］李阳春，刘宁，邵红. 牛初乳中转化生长因子 β 的分离纯化［J］. 中国乳品工业，2009（1）：27-29.

［16］庞广昌. 初乳中生物活性物质的开发与应用［J］. 食品科学，2007（9）：575-585.

［17］张贵川. 牛初乳营养保健功能研究［J］. 中国乳业，2008（2）：40-42.

［18］杜薇滢，李发弟，张养东，等. 乳过氧化物酶研究进展［J］. 食品工业，2018，39（09）：236-240.

［19］高丽霞，郭爱萍，雒亚洲. 牛初乳中的活性成分及其开发利用［J］. 农产品加工（学刊），2010（04）：45-47+54.

［20］农业农村部畜牧兽医局［Z］. 北京：中国奶业协会，2019.

［21］曹雪妍. 不同泌乳期人乳与牛乳乳清和乳脂肪球膜 N- 糖蛋白质组学差异研究［D］. 沈阳：沈阳农业大学，2019.

[22]叶清，石佳鑫，杨梅，等．人初乳与牛初乳中乳清蛋白组成的对比研究［J］．乳业科学与技术，2016，39（04）：7-12.

[23]吴尚仪，吴尚，韩宏娇，等．不同泌乳期人乳与牛乳中游离氨基酸的对比［J］．食品科学，2018，39（08）：129-134.

[24]提伟钢，邵士凤，邹佩文，等．牛初乳加工技术研究进展［J］．饮料工业，2013，16（01）：9-12.

[25]Stabel JR，Hurds，Calvente L，et al. Destruction of mycobacterium paratuberculosis，salmonella spp.，and mycoplasma spp. in raw milk by a commercial on-farm high-temperature，short-time pasteurizer［J］. Journal of Dairy Science，2004（87）：2177-2183.

[26]赵玉娟．免疫牛初乳免疫球蛋白加工处理稳定性的研究［D］．长春：吉林农业大学，2006.

[27]高辉，李显松，王勇，等．一种牛初乳胶囊的制备方法及其加工工艺［P］．中国专利：CN113261593A，2021-08-17.

[28]孙敏，郭永泽，李霜，等．乳清蛋白生物活性肽研究进展［J］．基因组学与应用生物学，2019，38（12）：5428-5435.

[29]赵烜影，刘振民，雍靖怡，等．乳源生物活性肽研究进展［J］．乳业科学与技术，2021，44（06）：51-57.

[30]乌兰君，杨梅，王满霞，等．牛初乳与牛乳中乳清蛋白质组成及功能的对比分析［J］．现代食品科技，2017，33（05）：58-63.

[31]魏华，杨史良，徐锋，等．乳清蛋白质的生物学特性和保健功能［J］．天然产物研究与开发，2007（01）：161-168.

[32]石璞洁，许诗琦，王震宇，等．乳铁蛋白生物活性肽及其功能机制研究进展［J］．食品科学，2021，42（07）：267-274.

[33] 邢琛. 牛乳酪蛋白深度水解配方食品研究 [D]. 武汉：武汉轻工大学，2019.

[34] 梁杰，耿晓晖，刘延平，等. 牛乳 β-酪蛋白多态性及其对人体健康影响的研究进展 [J]. 乳业科学与技术，2019，42（02）：45-49.

[35] 赵笑，白沙沙，孔凡华，等. 乳蛋白功能特性及其分析检测技术研究进展 [J]. 中国乳品工业，2022，50（01）：37-42.

[36] 孟维彬. 牛初乳的功能成分概述 [J]. 山东畜牧兽医，2019，40（01）：77-78.

[37] 刁梦雪，颜蜜，陈思如，等. 牛乳中 α-乳白蛋白的分离纯化工艺研究 [J]. 中国乳品工业，2021，49（09）：8-11+37.

[38] 邓微，李韫同，李墨翰，等. 基于 iTRAQ 技术分析牛初乳与常乳乳清差异蛋白质组 [J]. 食品科学，2021，42（02）：241-246.

[39] 叶清，石佳鑫，杨梅，等. 人初乳与牛初乳中乳清蛋白组成的对比研究 [J]. 乳业科学与技术，2016，39（04）：7-12.

[40] 冯晓文，赵晓涵，程青丽，等. 模拟消化对乳清肽结构和抗氧化活性的影响 [J]. 食品研究与开发，2021，42（18）：1-7.

[41] 郭瑞峰，李雪梅，刘少伟，等. 牛初乳小分子多肽的分离及其抗菌作用的研究 [J]. 中国乳品工业，2020，48（10）：25-28.

[42] 汪超，李阜烁，林文珍，等. 响应面法优化酪蛋白源多肽制备工艺 [J]. 中国乳品工业，2018，46（12）：4-8.

[43] 王瑞雪，伊丽，吉日木图. 驼乳生物活性肽的研究进展 [J]. 中国食品学报，2020，20（07）：299-306.

[44] 余芳. 牛初乳中富脯氨酸多肽的特性和功能研究 [D]. 上海：上海交通大学，2011.

［45］王利，周庆祥，刘家才，等. 牛初乳多肽酶解条件的研究［J］. 中国乳品工业，2006（01）：25-26.

［46］李永涛，张兰威，孔保华. 消除乳清蛋白中 β-乳球蛋白致敏性的研究进展［J］. 东北农业大学学报，2009，40（07）：136-139.

［47］赵金鹏，韩超，石丽丽，等. 牛初乳安全性的毒理学研究［J］. 中国食物与营养，2019，25（07）：29-33.

［48］陆东林，刘朋龙，徐敏，等. 我国牛初乳资源及其安全性评价［J］. 中国乳业，2020（09）：62-66.

［49］郭瑞峰，李雪梅，刘少伟，等. 牛初乳小分子多肽的分离及其抗菌作用的研究［J］. 中国乳品工业，2020，48（10）：25-28.

［50］赵金鹏，韩超，石丽丽，等. 牛初乳安全性的毒理学研究［J］. 中国食物与营养，2019，25（07）：29-33.

［51］林梦君，宋晓艳，韩江升，等. 生物活性多肽产品开发及应用进展［J］. 山东化工，2020（20）：42-43.